AF559149

Peter Schmoll

Messerschmitt Me 210
Das Rüstungsfiasko eines Kampfflugzeuges im Zweiten Weltkrieg

Peter Schmoll

Messerschmitt Me 210

Das Rüstungsfiasko eines Kampfflugzeuges im Zweiten Weltkrieg

Bibliografische Information Der Deutschen Nationalbibliothek

Die Deutsche Nationalbibliothek verzeichnet diese Publikation in der Deutschen Nationalbibliografie; detaillierte bibliografische Daten sind im Internet über http://dnb.dnb.de abrufbar.
ISBN 978-3-95587-428-5

Für uns, die Battenberg Gietl Verlag GmbH mit all ihren Imprint-Verlagen, ist Nachhaltigkeit ein wichtiger Teil unserer Unternehmensphilosophie. Daher achten wir bei allen unseren Produkten auf den Einsatz umweltschonender Ressourcen und Materialien. Dieses Buch wurde auf FSC®-zertifiziertem Papier gedruckt. FSC (Forest Stewardship Council®) ist eine nicht staatliche, gemeinnützige Organisation, die sich für die verantwortungsvolle und ökologische Nutzung der Wälder unserer Erde einsetzt.

Unsere Partnerdruckerei kann zudem für den gesamten Herstellungsprozess nachfolgende Zertifikate vorweisen:
- Zertifizierung für FOGRA PSO
- Zertifizierungssystem FSC®
- Leitlinien zur klimaneutralen Produktion (Carbon Footprint)
- Zertifizierung EcoVadis (die Methodik besteht aus 21 Kriterien in den Bereichen Umwelt, Einhaltung menschlicher Rechte und Ethik)
- Zertifikat zum Energieverbrauch aus 100 % erneuerbaren Quellen
- Teilnahme am Projekt „Grünes Unternehmen“ zum Schutz von Naturressourcen und der menschlichen Gesundheit

Titel:

Die obere Aufnahme zeigt das Aufsetzen des Rumpfes der Me 210 mit der Werknummer 2282 auf das Tragflächenmittelteil mit Hilfe eines Portalkrans. Auf dem unteren Foto geht die Werknummer 2268 in der Endmontagehalle ihrer Fertigstellung entgegen. Die Aufnahme zeigt deutlich, dass die Me 210 einen äußerst modernen aerodynamischen Entwurf darstellt. Beide Aufnahmen entstanden 1941 im Regensburger Messerschmitt-Werk. Auf der Rückseite ist eine Farbaufnahme der Me 410 mit der Werknummer 2100110018 und der Kennung F6+WK zu sehen. Die Werknummer zeigt deutlich an, dass diese Me 410 als Umbauflugzeug Me 210 mit Triebwerken vom Typ Daimler-Benz DB 603 A ausgerüstet wurde. Das Flugzeug befindet sich heute im Besitz des National Air and Space Museum in Washington und ist zerlegt in einem Depot in Silver Hill eingelagert. Es ist das einzige Exemplar einer frühen Ausführung, das alle Kriegsereignisse überstanden hat und als Beutegut in den USA landete.

Innenteil:

Sofern nicht anders erwähnt, sind alle Fotos im Innenteil aus der Sammlung von Peter Schmoll.

1. Auflage 2023

www.battenberg-gietl.de

ISBN 978-3-95587-428-5

Vorwort

In meiner Sammlung von Berichten, Dokumenten und Fotos sind viele Unterlagen zum Flugzeugtyp Me 210 zu finden. Aufgrund des Rüstungsfiaskos und seinen Auswirkungen, sowohl für Messerschmitt als auch für die Luftwaffe, habe ich mich dazu entschlossen, dieses Buch zu verfassen. Vor allem viele bisher unbekannte Details über die Konstruktion, Erprobung, Produktion und den Einsatz dieses Flugzeugtyps sind auch heute noch für viele Leser von Interesse. Das Scheitern der Me 210 zeigt aber auch die Schwächen der deutschen Luftwaffe im Verbund mit der Luftfahrtindustrie im Zweiten Weltkrieg auf. Professor Willy Messerschmitt, ein Verfechter des absoluten Leichtbaus, hatte mit seinen Flugzeugkonstruktionen einen Weg beschritten, der nachfolgend immer größere Korrekturen erforderte. So aerodynamisch genial seine Konstruktionen auch waren, die aufgetretenen Schwachpunkte in seinen Konstruktionen waren nicht zu übersehen. Bereits bei der Bf 108 waren nachträglich Verstärkungen am Tragflächenholm erforderlich. Beim Jagdflugzeug Bf 109 F betraf dies vor allem die Tragflächenbeplankung und das Leitwerk. Mit der Konstruktion der Me 210 hatte Messerschmitt in dieser Richtung allerdings ein Flugzeug auf die Fahrwerksbeine gestellt, das eine zu große Anzahl an Schwachpunkten aufwies. Das Reichsluftfahrtministerium schaute dieser Entwicklung über zwei Jahre hinweg mehr oder weniger tatenlos zu, obwohl die Mängel der Gesamtkonstruktion mit seinen Problemen bei den Testflügen ganz offensichtlich zu Tage traten. Hinzu kamen dann noch die Schwierigkeiten mit den Motoren von Daimler-Benz, welche ebenfalls mit technischen Problemen zu kämpfen hatten. Aber auch hier hatte Messerschmitt einen gewissen Anteil zu tragen, weil er sich nicht an die Vorgaben von Daimler-Benz für die Auslegung der Öl- und Wasserkühler hielt. Die Kühler für Motoröl und Kühlstoff waren von der Stirnfläche her zu klein ausgelegt und ergaben daher eine höhere thermische Beanspruchung der Motortechnik. Dies ist durch Briefverkehr zwischen Daimler-Benz und Messerschmitt belegt, mit der Aufforderung an Messerschmitt, sich an die Einbauvorgaben für die Triebwerke und Kühler zu halten. Für Messerschmitt bedeuteten von der Stirnfläche her gesehen größere Kühler aber wiederum einen Verlust an Geschwindigkeit.

Angesichts der damaligen Kriegslage 1941/42, wurde der Ruf nach immer mehr Unterstützung durch die Luftwaffe lauter, um die völlig überdehnten Fronten abzusichern. Die Kriegsproduktion, speziell im Bereich der Flugzeugproduktion, kam den steigenden Verlusten kaum noch hinterher. Und jetzt, in dieser sich alles entscheidenden Kriegsphase, kam es zum Totalausfall eines Flugzeugtyps, von dem 2.000 Maschinen in Auftrag gegeben worden sind. Was nun folgte, war ein Machtkampf zwischen dem Reichsluftfahrtministerium und dem Messerschmitt-Konzern. Diese Auseinandersetzung wurde auch mit den unterschiedlichen Uniformen im III. Reich ausgetragen. Im Kapitel „Symbolik der Uniformen“ wird darauf näher eingegangen. Ein Kapitel, welches bisher in dieser Form wahrscheinlich so noch nicht betrachtet worden ist.

Peter Schmoll
Sandsbach im September 2023

Inhaltsverzeichnis

Einleitung

Dass es während des Zweiten Weltkrieges zu einem abrupten Stillstand in der Flugzeugproduktion des Messerschmitt-Konzerns im März 1942 kam, hatte eine Vorgeschichte, die sich für Messerschmitt verheerend auswirken sollte.
Im Auftrag der Deutschen Luft Hansa konstruierte Willy Messerschmitt bei den Bayerischen Flugzeugwerken (BFW) in Augsburg das Verkehrsflugzeug M20, welches am 26. Februar 1928 seinen Erstflug absolvierte und wegen Bruch des Leitwerks abstürzte. Der Pilot von der Luft Hansa wurde dabei getötet. Anmerkung: Die Schreibweise Luft Hansa änderte sich erst 1934 in Lufthansa.
1929 gingen an die Deutsche Luft Hansa (DLH) zwei weitere M20, und bis 1931 wurden noch fünf M20 übernommen sowie eine Maschine gleichen Typs von der DVS angemietet. Die M20 mit der Kennung D-1930 stürzte am 6. Oktober 1930 beim Landeanflug auf Dresden ab. Die sechs Passagiere und die beiden Flugzeugführer wurden dabei getötet. Eine genaue Absturzursache konnte nicht ermittelt werden. Es wurden starke Windböen für den Absturz angenommen. Ein halbes Jahr später, am 14. April 1931, stürzte die M20 D-1928 bei Rietschen in der Oberlausitz ab. Die Besatzung kam ums Leben und die sieben Passagiere wurden zum Teil schwer verletzt. Als Absturzursache konnte zweifelsfrei ein Leitwerksbruch nachgewiesen werden.
Erhard Milch war zu dieser Zeit bei der DLH als Technischer Direktor und Vorstandsmitglied eingesetzt. Aufgrund des Leitwerkbruchs wurden alle M20 vom Flugbetrieb sofort außer Dienst gestellt. Eine Untersuchungskommission stellte zweifelsfrei den Bruch am Leitwerk fest. Messerschmitt konnte aber nachweisen, dass er nach den geltenden technischen Regeln die Konstruktion durchgeführt hatte. Daraufhin wurden die Konstruktionsvorschriften geändert. Milch vertrat aber nach wie vor die Meinung, dass die Konstruktion von Messerschmitt im Leitwerksbereich der M20 entscheidende Schwachstellen aufwies. Als Technischer Direktor verweigerte er nach dem Unfall in Rietschen die Abnahme weiterer bestellter M20. Diese Flugzeuge waren aber bereits fertiggestellt, und da die DLH nicht bezahlte, sahen sich die BFW gezwungen, einen Konkursantrag zu stellen. Das Verhältnis zwischen Milch und Messerschmitt galt seit diesem Zeitpunkt als

Diese Aufnahme zeigt eine M20 beim Landeanflug. Sehr deutlich ist das schmale Rumpfende im Übergang zum Leitwerk zu sehen. Der Schriftzug LUFT HANSA ist hier noch getrennt geschrieben. Erst Mitte der 30er Jahre wurde daraus die LUFTHANSA.

Foto Airbus Corporte Heritage

Diese Aufnahme einer M20 lässt erkennen, dass der Rumpf auf der Oberseite stark verjüngt mit dem Leitwerk verbunden ist.
Foto Airbus Corporate Heritage

schwer belastet. Als Erhard Milch im III. Reich bis zum Stellvertreter Görings im Reichsluftfahrtministerium (RLM) aufstieg, war angesichts der hausgemachten Probleme mit der Me 210 eine massive Konfrontation mit Willy Messerschmitt vorhersehbar.
Als in Augsburg bei der Messerschmitt AG die ersten Zerstörer vom Typ Bf 110 aus der Montagehalle rollten, wurde bereits am Entwurf eines Nachfolgers gearbeitet. 1936/37 stellte das Reichsluftfahrtministerium neue technische und taktische Forderungen auf. So sollten nun auch Ziele im Sturzflug angegriffen werden können. Die Bombenlast wurde auf 1.000 kg gesteigert. Die Bewaffnung wurde verstärkt, mit der Forderung einer Abwehr nach hinten und unten. Schon allein die Forderung des RLM nach Sturzflugfähigkeit konnte die Bf 110

Bereits bei der Bf 108 gab es strukturelle Probleme. Im Jahr 1938 musste bei 80 Bf 108 eine Verstärkung des Tragflächenholmes nachgerüstet werden. Diese Arbeiten wurden im Werk Regensburg ausgeführt.
Foto Sammlung Peter Schmoll

Bei der Bf 109 F war der Anschluss des Leitwerks an den Rumpf zu weich konstruiert. Als Nothilfe wurden Blechstreifen außen am Übergang Rumpf–Leitwerk aufgenietet, die in dieser Aufnahme deutlich zu erkennen sind. Eine vernietete Verbindung aus Duralblech hatte die gleiche Festigkeit wie eine vergleichbare Verbindung aus Stahlblech St 37.
Foto Sammlung Peter Schmoll

nicht erfüllen, sodass sich Messerschmitt nach eingehenden Studien für eine Neukonstruktion als Nachfolgemodell der Bf 110 entschieden hat. Diese Neukonstruktion erhielt die Projektnummer P 1060. In den Jahren 1937/38 wurde vom Projektbüro nach zahlreichen Berechnungen letztendlich der Entwurf festgelegt und mit der Konstruktion begonnen. Messerschmitt beteiligte sich entscheidend an der Konstruktion und wich aber von der ursprünglichen Planung ab. Er verkürzte den Rumpf und sah dafür Vorflügel (Slots) an den Tragflächen vor, um die Wendigkeit im Luftkampf zu verbessern.
Ohne die Flugerprobung abzuwarten, bestellte das RLM 2.000 Maschinen. Denn die Me 210 sollte nicht nur die Bf 110 als Zerstörer ablösen, sondern auch noch den „Stuka" Junkers Ju 87 ersetzen. Von der Me 210 sollten 1.000 Maschinen allein im Jahre 1941 geliefert werden. Geplant war bis Anfang 1942 die Aufstellung von mindestens sieben Zerstörereinheiten in Geschwaderstärke. Allein diese Forderungen und Pläne waren als utopisch zu betrachten. Angesichts der aufgetretenen technischen Probleme mit

Bf 110 C zeigt ihre schwere Bewaffnung mit vier MG 17 oben und zwei 20 mm-Kanonen MG-FF unten, in der Rumpfspitze konzentriert.
Foto Sammlung Peter Schmoll

Die Bf 110 C war in den deutschen Zerstörerverbänden eingesetzt und sollte durch die Me 210 ersetzt werden. In der Aufnahme sind fabrikneue Maschinen zu sehen.
Foto Sammlung Peter Schmoll

Mit leistungsgesteigerten Triebwerken DB 601 war die Bf 110 auch als Aufklärer, wie hier in Nordafrika, im Einsatz.
Foto Sammlung Peter Schmoll

der Me 210 hatten sie auch kaum die Chance auf eine Realisierung.
Zweifelsohne war die Me 210 von der Formgebung und der technischen Gesamtkonzeption her ein äußerst moderner und fortschrittlicher Entwurf. Aber von Anfang an waren ihre Flugeigenschaften nicht befriedigend. Mit der Me 210 erlebte der Messerschmitt-Konzern seinen größten wirtschaftlichen Rückschlag. Die Folge war eine Entmachtung von Professor Messerschmitt, da das RLM nach diesem Fehlschlag massiven Einfluss auf den gesamten Konzern nahm und alle Aktivitäten durch Generalfeldmarschall Milch oder dessen Beauftragte überwacht wurden. Die Endmontage der Me 210 erfolgte in Großserie in Augsburg und Regensburg. Augsburg fertigte den Rumpfteil mit der Kabine, das Tragflächenmittelteil und das Leitwerk; aus Regensburg kamen die Tragflächen und der hintere Rumpfteil. Eine ähnliche Fertigungsaufteilung erfolgte dann später, 1944/45, auch bei der Me 262.
Bereits im März 1942 wurde die Produktion in beiden Werken auf Anordnung des RLM eingestellt. Dies betraf natürlich auch alle Zulieferbetriebe. Im Messerschmitt-Konzern brach Panik aus. Tausende von Arbeitskräften in den Messerschmitt-Werken, den beiden Lizenzbetrieben und der Zulieferindustrie waren wochenlang beschäftigungslos oder mit einer Umstellung der Produktion zurück auf die Bf 110 befasst.
Für die Luftwaffe war der Totalausfall der Me 210 eine nicht unwesentliche Schwächung. Für die geplante Sommeroffensive an der Ostfront 1942 musste die Luftwaffe auf die Me 210 verzichten. Göring und Milch waren deshalb gezwungen, ihre Planungen zu ändern und neue Lieferpläne für die Flugzeugindustrie anzuweisen. Als erster Schritt wurde die sofortige Wiederaufnahme der Produktion der Bf 110 angeordnet. Die schnellstmögliche erneute Produktion der Bf 110 konnte den Fehlbestand aber bei den Einsatzverbänden nicht ausgleichen. Um die Lücken bei der Luftwaffe zu schließen, wurde beschlossen, den Zerstörergeschwadern ersatzweise Bf 109 E aus der Industrie-Instandsetzung zuzuführen. Diese Bf 109 E hatten

Die ersten zwei Me 210 A-1 mit den Kennungen PN+PA, Werknummer 2100110102, und PN+PB mit der Werknummer 2100110106 werden Anfang Juli 1941 in Augsburg an die Luftwaffe übergeben.
Foto Sammlung Peter Schmoll

Nach dem Scheitern der Me 210 musste die Produktion der Bf 110 erneut aufgenommen werden. In der Aufnahme zu sehen ist eine Bf 110 G-2 mit einer überschweren Bewaffnung im Rumpfbug: zwei Maschinenkanonen MK 108 Kaliber 30 mm. Darunter befanden sich im Rumpf zwei MG 151/20. In einer Waffengondel unter dem Rumpf waren zwei weitere MG 151/20 angeordnet. Unter den Tragflächen waren insgesamt vier Abschussrohre für die Bordrakete BR 21 und zwei Abwurftanks mit je 300 Litern aufgehängt. In dieser Ausführung war die Bf 110 zur Bekämpfung der US-Bomber konzipiert worden. Noch im Februar 1944 konnten zahlreiche US-Bomber vernichtet werden. Wegen hoher Verluste durch die Begleitjäger musste die Bf 110 Mitte 1944 vom Einsatz zurückgezogen werden.
Foto Sammlung Peter Schmoll

allerdings nicht den Gefechtswert wie eine Bf 110 oder Me 210. Dies betraf folgende Bereiche:

• geringere Reichweite,
• weniger Bombenzuladung,
• eine reduzierte Bewaffnung.

Damit ging die Luftwaffe an der Ostfront deutlich geschwächt in die Sommeroffensive 1942, was zumindest die Nahunterstützung der Heerestruppen anbelangte. Wären die ursprünglich geforderten Zerstörereinheiten mit den eingeplanten Me 210 bereitgestanden, hätte der Kriegsverlauf an der Ostfront in diesem Jahr womöglich eine andere Entwicklung genommen. Der Luftwaffe dürften nach vorsichtigen Schätzungen mindestens 800 bis 1.000 Kampfflugzeuge gefehlt haben. Die ständigen

Da sich die Me 210 und auch das Nachfolgemuster Me 410 als Nachtjäger nicht bewährten, wurde die Bf 110 G-4 bis Anfang 1945 produziert und blieb bis Kriegsende im Einsatz. Zur Vergrößerung der Reichweite wurde unter jeder Tragfläche noch ein 300 Liter fassender Abwurftank eingehängt. Die hier abgebildete Maschine verfügte über zwei verschiedene Funkmessgeräte (RADAR): In der Mitte ist ein FuG 202 Lichtenstein-BC für die Naherfassung verbaut, außen die vier großen Antennen des FuG 220 Lichtenstein SN-2 für große Reichweite. Der Antennenwald reduzierte die Geschwindigkeit um rund 25 km/h.

Foto Sammlung Peter Schmoll

Konstruktionsänderungen an der Me 210 haben dazu im Wesentlichen mit beigetragen, dass dieses Flugzeug nur in geringer Stückzahl, aber auch erst Ende 1942 zur Verfügung stand. Diese Fehler in der Konstruktion der Me 210 führten zu Lieferverzögerungen, die eindeutig auf das Konto von Messerschmitt mit seinem übertriebenen Leichtbau gingen. Messerschmitt hatte ein Flugzeug konstruiert, das über keinerlei Festigkeitsreserven verfügte. Hausgemachte Probleme, welche sowohl die Bf 109, Bf 110 und Me 210 betrafen. Was allerdings auf das Konto des Generalstabs der Luftwaffe ging, war die unsinnige Forderung nach Sturzfähigkeit. Als dann die ersten Versuchsflugzeuge mit verlängertem und aufgedicktem Rumpf sowie mit Vorflügeln (Slots) zur Verfügung standen, erfolgte die völlig unsinnige Anordnung, die Produktion sowie alle Arbeiten an der Me 210 A-1 vorübergehend komplett einzustellen. Dies geschah wohl angesichts der bisher aufgetretenen Personal- und Materialverluste bei der Einführung der Me 210 A-1 in der Luftwaffe. Aber Milch hatte noch eine Rechnung mit Messerschmitt zu begleichen, und da kamen ihm die Schwierigkeiten mit der Me 210 wie gerufen, was letztendlich in der Entmachtung von Messerschmitt endete. Für den Messerschmitt-Konzern bedeuteten die Einstellung der Produktion und der nachfolgende Umbau der Flugzeuge einen gigantischen Verlust. In Friedenszeiten hätte dies die Insolvenz des Messerschmitt-Konzerns bedeutet. Im Krieg galten aber andere Regeln, denn da ging es schließlich um das Überleben des Staates und seiner Regierung.

Die Protagonisten

Am Fiasko der Me 210 waren die Spitzen des Reichsluftfahrtministeriums (RLM) und die Führung des Messerschmitt-Konzern beteiligt. Von Seiten des RLM sind hier der Oberbefehlshaber der Luftwaffe Reichsmarschall Hermann Göring, Generaloberst Ernst Udet und Generalfeldmarschall (GFM) Erhard Milch zu nennen. Vom späteren Generalfeldmarschall Kesselring ist folgende Aussage erhalten geblieben: „Göring arbeitete nur im Notfall." Für diese Aussage sprach, dass sich Göring im ersten Halbjahr 1939 entweder auf der Jagd oder im Urlaub befand. Im Messerschmitt-Konzern trugen Professor Willy Messerschmitt mit seinen Direktoren Heinrich Hentzen und Rakan Kokothaki die entsprechende Verantwortung. Nach dem Freitod von Ernst Udet im November 1941 trat GFM Milch dessen Nachfolge als Generalluftzeugmeister an und nun spitzte sich die Lage innerhalb weniger Wochen dramatisch zu. Der Betriebsführer der Messerschmitt GmbH Regensburg, SA- und SS-Brigadeführer Theo Croneiß, versuchte, vermittelnd in die verfahrene Situation einzugreifen.

Professor Willy Messerschmitt und Theo Croneiß auf dem Industrieflugplatz in Regensburg. Croneiß trägt die SS-Uniform im Range eines Brigadeführers.
Foto Croneiß

Göring ließ Milch freie Hand und gab ihm Rückendeckung, um den Ausstoß der deutschen Luftfahrtindustrie zu steigern. An allen Fronten war die Unterstützung des Heeres durch die Luftwaffe absolut erforderlich. War die Luftherrschaft gesichert, stellten sich auch Erfolge bei den Offensiven der Wehrmacht ein und die Verluste der eigenen Truppen gingen zurück. Göring versuchte mit allen zur Verfügung stehenden Mitteln, seine Position als zweiter Mann im III. Reich abzusichern, und dazu brauchte er Milch und vor allem Erfolge der Luftwaffe.

Milch war aber vollkommen klar, dass mit dem Kriegseintritt der USA sich die Kräfteverhältnisse zu ungunsten des III. Reiches verschieben werden. Hitler hatte, nachdem Japan am 7. Dezember 1941 die USA in Pearl Harbor angegriffen hatte, ohne Not am 11. Dezember 1941 den USA den Krieg erklärt. Die Planungen von GFM Milch liefen auf eine Verstaatlichung der gesamten deutschen Luftfahrtindustrie hinaus. Aus seiner Sicht waren jetzt Stückzahlen gefragt, und die Entwicklungen neuer Typen wurden in der Dringlichkeit zurückgestuft. Udet hatte in seinem Amt rund 4.000 Mitarbeiter, von denen Milch innerhalb von einigen Monaten 2.000 aus ihren Ämtern entfernte. Milch informierte Göring Anfang März über die desolate Rüstungsproduktion der Luftwaffe. Aufgrund der vorliegenden Fakten befahl Göring eine „kriegsgerichtliche Untersuchung" und beauftragte damit den Leiter der Luftwaffenrechtspflege General von Hammerstein. Gegen folgende Mitarbeiter von Udet wurde nun kriegsgerichtlich ermittelt:

- Generalmajor Albert Ploch,
- General-Ingenieur Gottfried Reidenbach,
- General-Ingenieur Günther Tschersich.

General Hammerstein ernannte ein aus drei Richtern bestehendes Kriegsgericht unter Leitung von Reichskriegsgerichtsrat Dr. Kraell. Es begann eine über Monate dauernde Untersuchung mit vielen Vernehmungen im RLM. Von Göring bis zum letzten Ingenieur wurden Ermittlungen aufgenommen. Die Untersuchungen des Reichskriegsgerichtes betrafen vor allem den „Gesamtgeschäftsbereich" des Generalluftzeugmeisters in den Jahren 1939-1941. Dieser Gesamtgeschäftsbereich betraf somit auch automatisch alle Flugzeugfirmen. Vor allem die

Professor Messerschmitt begrüßt Generalfeldmarschall Erhard Milch in Augsburg. Die offensichtlich freundliche Begrüßung täuscht über das sehr angespannte Verhältnis hinweg.
Foto Sammlung Peter Schmoll

Führung der Konzerne von Junkers mit Direktor Koppenberg sowie Heinkel und Messerschmitt waren davon betroffen. Als erster wurde Koppenberg entmachtet. Einer der Gründe war der von Göring 1938 angeordnete Aufbau eines 1.000-Motorenwerkes von Junkers. Dieses Motorenwerk war erst mit starker Verspätung umgesetzt worden und war einer der Gründe für die Entmachtung Koppenbergs. Als nächster wurde Heinkel im November 1941 mit dem Reichskriegsgericht gedroht, angesichts der Probleme mit dem Bomber He 177. Milch äußerte sich Heinkel gegenüber wie folgt: „Zwei Industrieführer und ein Ingenieur vom RLM sind zum Tode verurteilt und werden demnächst im Hof des RLM erhängt!" Heinkel musste um sein Leben fürchten und daher war von seiner Seite nur mehr mit geringem Widerstand zu rechnen. Wenig später folgte die Entmachtung von Ernst Heinkel. Bereits im Januar 1942 wurde gegen die Verantwortlichen bei Focke-Wulf wegen organisatorischer Mängel ermittelt. Sie wurden für die Rückstände bei der Ausbringung des Jagdflugzeugs FW 190 verantwortlich gemacht. Messerschmitt war dann im März 1942 der nächste Fall. Die Schwierigkeiten mit der Me 210 bei der Luftwaffe führten dazu, dass Messerschmitt gegenüber Göring zur Aussage gezwungen war: „Die Me 210 ist in der vorhandenen Ausführung nicht einsatzbereit." Was folgte war die Einstellung der Produktion und der Abbruch sämtlicher Arbeiten an der Me 210 auf Anweisung von Göring. Diese Anweisung lief unter Geheime Kommandosache (GKdoS)(siehe auch Telegramm im Anhang).

Im Herbst 1942 waren die Untersuchungen des Reichskriegsgerichts unter Dr. Kraell abgeschlossen. Als Ergebnis wurde das mehr oder wenige Versagen von Udet ermittelt. Es habe an jeder Führung in seinem Amt gefehlt und er habe seine Aufgaben vernachlässigt. Kraell sprach sich gegen ein Strafverfahren von Ploch, Tschersich und Reidenbach aus. Er erklärte, dass dies nur dem Feind nützen würde. Für alle drei Angeklagten blieb das Fiasko mit der Me 210 aber nicht folgenlos. Als erstes wurden sie freigestellt und bis Ende 1942 waren sie aus der Luftwaffe entlassen worden.

Professor Messerschmitt hatte aufgrund seiner Erfolge bei den Typen Bf 108, Bf 109 und Bf 110 einen gewissen Freiraum im System des

Reichsmarschall und Oberbefehlshaber der Luftwaffe Hermann Göring im Gespräch mit Generalfeldmarschall Erhard Milch.
Foto Airbus Corporate Heritage

RLM. Aber mit den aufgetretenen Problemen bei der Me 210 bot er eine Angriffsfläche, die von GFM Milch voll ausnutzte und die zur Entmachtung von Messerschmitt führte, der dann als Leiter der Entwicklung im eigenen Konzern abgeschoben wurde. Fortan war Messerschmitt nur noch für das Konstruktionsbüro zuständig. GFM Milch verfolgte nun konsequent die Steigerung der Flugzeugproduktion. Die Entwicklung neuer Flugzeuge wurde als nachrangig betrachtet. (Siehe auch Budraß, Flugzeugindustrie und Luftrüstung in Deutschland 1918-1945, auf Seite 736-738: Prämissen und Instrumente einer verstaatlichten Rüstungssteuerung.)
Croneiß und Milch hatten ebenfalls ein stark belastetes Verhältnis. Dies lag daran, dass Croneiß im Juli 1933 zum Sonderkommissar des Obersten SA-Führers (Röhm) für Luftfahrtfragen ernannt wurde und im Juli 1933 zum Fliegerreferenten der Obersten SA-Führung aufstieg. Ferner wurde Croneiß der Posten des Geschwaderführers der Fliegerlandgruppe „X" (Zehn) Bayern übertragen. Dies bedeutete eine absolute Konkurrenz zum RLM unter Göring. Milch hingegen wurde von Göring zum Staatssekretär im RLM ernannt. Zwischen Croneiß und Milch gab es einen ersten Konflikt im Herbst 1933. Croneiß sprach die teilweise nicht arische Abstammung von Milch an. Die Denunziation muss Milch tief getroffen haben. Diese Angelegenheit landete natürlich auch auf dem Schreibtisch von Göring und er war gezwungen, zu handeln. Von Göring ist eine Aussage überliefert, die folgenden Inhalt hatte: „Wer Jude ist, bestimme ich!"
Wenige Tage, nachdem die gesamte Führung der SA (Röhm-Putsch) verhaftet und zum Teil hingerichtet war, erteilte Göring noch im Juli 1934 die Anweisung an Croneiß, dass er sich aus der Luftfahrtpolitik herauszuhalten und auf seine Tätigkeit bei den Bayerischen Flugzeugwerken zu konzentrieren habe. Croneiß war seit 1933 Aufsichtsratsvorsitzender der Bayerischen Flugzeugwerke und leitete ab 1937 die Bayerischen Flugzeugwerke Regensburg GmbH als Betriebsführer. Schon in dieser Hinsicht bildeten Croneiß und Messerschmitt eine enge Schicksalsgemeinschaft.
Diese Gemengelage mit Göring und Milch auf der einen Seite und Messerschmitt und Croneiß auf der anderen ergab eine absolut „explosionsgefährdete" Atmosphäre. Was die Schwierigkeiten mit der Me 210 anbelangte, war absehbar, dass Milch, ausgestattet mit einer vorher nie dagewesenen Machtposition im RLM und mit der Rückendeckung von Göring, hier als Sieger gegenüber Messerschmitt hervorgehen würde. Es kann davon ausgegangen werden, dass Milch so nebenher auch gleich noch „alte Rechnungen" mit Messerschmitt und Croneiß beglich. Bekanntlich sieht man sich immer zweimal im Leben, und Milch saß in diesem Fall am längeren Hebel.

Ernste Probleme mit der Me 210 bereits in der Erprobung

Wie bereits beschrieben, war die Me 210 als Nachfolgemodell für die Bf 110 vorgesehen und als sturzfähiges Kampfflugzeug und Zerstörer konzipiert worden. Entgegen dem ursprünglichen Plan von Konstrukteur Waldemar Voigt hatte Messerschmitt den Rumpf um ca. 900 Millimeter gekürzt. Die geplanten Vorflügel (Slots) wurden bei der Serienversion, in Abstimmung mit Messerschmitt, nicht eingebaut. Das Reichsluftfahrtministerium (RLM) in Berlin stimmte dem schon aus Kostengründen zu. Die Bauvorrichtungen für die Vorflügel waren aber vorhanden, da die ersten V-Muster mit Slots ausgerüstet waren. Am 2. September 1939 führte Testpilot Dr. Hermann Wurster den Erstflug mit der Me 210 V1 durch. Sein Kommentar nach der Landung: „Die Maschine braucht einen längeren Rumpf!“ Messerschmitt argumentierte dagegen, dass er dann für drei Millionen Reichsmark Bauvorrichtungen verschrotten muss. Bei den folgenden Testflügen mit den V-Mustern der Me 210 kritisierten auch andere Testpiloten von Messerschmitt und Piloten der Luftwaffen-Erprobungsstelle in Rechlin, durchgehend die Flugeigenschaften der Maschine, die in erster Linie auf den verkürzten Rumpf zurückzuführen waren.

Einem Dokument vom 15. Juli 1940 ist zu entnehmen, dass die Me 210 V-2 auf ein behelfsmäßig ausgeführtes zentrales Leitwerk umgerüstet wurde. Dies betraf auch die Me 210 V-3 und V-4. Die im Bau befindlichen V-5 bis V-8 wurden ebenfalls auf ein zentrales Leitwerk umgerüstet. Die V-1 hatte zu diesem Zeitpunkt 71 Flugstunden und 144 Starts durchgeführt. Die V-2 kam auf 56 Flugstunden bei 124 Starts. Die Ruderwirkungen und Ruderkräfte für das Seitenleitwerk waren in Ordnung, desgleichen für die Querruder. Die Ruderkräfte für das Höhenruder wurden als zu hoch eingestuft und sollten durch Austausch der Endkappen verbessert werden. Mit der V-4 wurden Belade- und Auslöseversuche mit 500 und 1.000 kg im Stand erfolgreich durchgeführt. Die Me 210 V-9 entsprach fliegerisch ganz der Serie und in vielen Teilen auch dem Serienzustand. Die V-9 war als erste Me 210 mit geschützten Tanks ausgerüstet worden. Die V-9 wurde zur Erprobung der Flugeigenschaften eingesetzt, weil sie als erste Me 210 mit dem Serienleitwerk und dem Serientriebwerk ausgerüstet war. Die Leistungen mit dem Motortyp DB 601 F sind zu diesem Zeitpunkt allerdings noch nicht erflogen worden. Die Ansaughutze in Volldruckhöhe war noch nicht in Ordnung. Der nachträglich geforderte Einbau der Funkgeräte FuG 16 und FuG 25 ist zu diesem Zeitpunkt noch nicht erfolgt. Die V-10 bis V-16 galten als 0-Serien-Flugzeuge und wurden vollständig nach Serienunterlagen gebaut. In diesem Zusammenhang ist es interessant, dass die Flugleistungen mit dem Metallpropeller besser waren als mit Luftschraubenblättern aus Holz. Die starre Bewaffnung der V-4 wurde am Boden ohne Probleme beschossen. Die Erprobung der beweglichen Bewaffnung nach hinten, der sogenannten Borsigstände, wurde auf der E-Stelle in Tarnewitz mit der V-3 durchgeführt. Das Kabinenrückteil musste wegen der beiden Visiereinrichtungen für die MG 131 in der Serie noch geändert werden. Hier war der Einbau von Planscheiben für eine verzerrungsfreie Sicht nach hinten außen notwendig. Die Funktionserprobung aller Waffen im Flug war zu diesem Zeitpunkt noch nicht durchgeführt worden. Die beiden MG 131 konnten fast den gesamten Luftraum nach hinten abdecken. Die Waffen wurden aus der Kabine mit der von Rheinmetall-Borsig neu entwickelten ferngesteuerten Drehring-Seitenlafette gerichtet. Die beiden Maschinengewehre wurden über zwei Reflexvisiere Revi 25 A zum Einsatz gebracht und konnten auf Stellung von 90 Grad senkrecht nach oben, 45 Grad nach unten und jeweils um 45 Grad nach den Seiten ausschwenken. Um feuern zu können, musste die Waffe um mindestens sieben Grad nach außen geschwenkt werden, damit die eigene Maschine bei der Schussabgabe nicht beschädigt wurde. Unter diesem Bereich waren die Waffen elek-

trisch blockiert und eine Feuereröffnung nicht möglich.
Die Sturzflugbremse ist zu diesem Zeitpunkt funktionsmäßig nicht in Ordnung, denn sie fährt nur bei niedrigen Geschwindigkeiten wieder ein. Der Einbau und die Testreihe für die Abfangautomatik im Sturzflug waren noch nicht erfolgt. In der Phase gab es mehrere Bauchlandungen, wegen Fehlfunktionen in der hydraulischen Anlage, mit einem Reparaturaufwand von jeweils bis zu zwei Tagen an Ausfallzeiten.
Flugkapitän Fritz Wendel musste am 5. September 1940 nach Bruch des Höhenleitwerks aus der Me 210 V-2 mit dem Fallschirm aussteigen. Sein Bericht: *„Im Sturzflug wurde mit voller Leistung eine Geschwindigkeit von 605 km/h erreicht. Der Flug verlief bis dahin ohne erkennbare Probleme. Beim Gaswegnehmen und einer Drehzahl von ca. 2.200 U/min traten plötzlich zunehmende Schwingungen im Leitwerk auf, die zum Bruch des Höhenleitwerks führten. Daraufhin war die Maschine nicht mehr kontrolliert zu steuern. Bei der hohen Geschwindigkeit gelang mir nur mit großer Mühe der Fallschirmabsprung.“*
Das sehr schmale Rumpfende war offensichtlich eine Schwachstelle und wurde letztlich als zu weiche Konstruktion beurteilt. Es blieb später nichts anderes übrig, als diesen Bereich dann aufwändig zu verstärken. Ein ähnliches Problem ergab sich auch beim Jagdflugzeug Bf 109 F-1. Bei diesem Typ wurde das Höhenleitwerk selbsttragend konstruiert ohne die außen liegenden Streben wie bei der Vorgängerversion Bf 109 E. Im Einsatz traten dann Brüche und Risse am Leitwerk auf. Die Verbindung Rumpf-Leitwerk musste durch außen angebrachte Laschen verstärkt werden, bis eine innen liegende Verstärkung erfolgte. Die Tragflächenbeplankung war ebenfalls zu schwach ausgelegt und musste verstärkt werden. Die Aufhängungen für den Motor gaben nach. Das Fahrwerk der Me 109 war ebenfalls eine Schwachstelle. Messerschmitt hatte an vielen technischen Fronten zu kämpfen, um all diese Mängel zu beheben. Es lag aber auch daran, dass die Test- und Einflieger die Flugzeuge wie rohe Eier behandelten. Übernahmen Flugzeugführer der Luftwaffe die Maschinen, dann war der Umgang an den Fronten bei weitem nicht mehr so sensibel. Auf den Feldflugplätzen, vor allem in Russland, war die Beanspruchung des Materials enorm – und dies ist auch durch die Verlustlisten des Generalquartiermeisters dokumentiert worden. Aufgrund der vielen Schwierigkeiten und der zum Teil hausgemachten Probleme war die Reputation von Messerschmitt im RLM massiv in Mitleidenschaft gezogen worden. Generalfeldmarschall Milch und Göring wurden in dieser Phase gegenüber Messerschmitt und seinen Ingenieuren immer misstrauischer. Noch aber hielt Ernst Udet, als Generalluftzeugmeister verantwortlich für die Flugzeugproduktion, seine schützende Hand über Messerschmitt.
In einem Brief des Generalluftzeugmeisters Ernst Udet an Professor Messerschmitt vom 27. Juni 1941 äußert dieser seine Bedenken:
„Lieber Messerschmitt!
Die in der letzten Zeit bei Deinen Konstruktionen 109/110/210 und Warschau Süd (Anmerkung: gemeint war der Lastensegler Me 321) aufgetretenen Schwierigkeiten geben mir Veranlassung, mich einmal vollkommen klar Dir gegenüber auszusprechen. So sehr ich die Leistungen Deiner Konstruktionen anerkenne, die sich von entscheidender Bedeutung im Fronteinsatz auswirken, so eindringlich muss ich darauf hinweisen, dass Du meiner Ansicht nach einen falschen Weg beschreitest. Bei Militärflugzeugen muss man, insbesondere im Kriege, von der sicheren Seite aus entwerfen und nicht gezwungen sein, stets zeitraubende Verstärkungen anzubringen. Dann wird auch die Zusammenarbeit zwischen Entwicklung und Serienausbringung harmonischer werden. Ich erinnere an die Flächenverstärkung der 109, die Fahrwerksschwierigkeiten der 109 und 210 und verschleppte Erledigung der Leitwerksschwierigkeiten bei der 110. Nicht nur als Generalluftzeugmeister, der die Verantwortung für die termingerechte Herausbringung und die Leistungen neuer Muster trägt, sondern gerade als Dein Freund halte ich es für meine Pflicht, Dir klar zum Ausdruck zu bringen, dass dieser Weg, den Du beschritten hast, gefährlich ist und uns alle in größte Schwierigkeiten bringen kann. Gerade Deine bevorzugte Stellung als Konstrukteur, die Dir bisher grenzenloses Vertrauen und hohe Auszeichnungen brachte, muss Dein Verantwortungsgefühl ganz besonders schärfen und Dich veranlassen, Dich und Deine Leistungen kritischer zu betrachten. Ich bitte Dich, bei der 210, der motorisierten Warschau Süd (Anmerkung: gemeint ist hier die Me 323) und bei der Me 264 sowie den weiteren

Projekten, die Du in Bearbeitung hast, alle Maßnahmen zu treffen, die derartige Rückschläge ausschließen. Wenn ich Dir einen Rat geben darf, so nutze die Erfahrungen und Ratschläge, die von der Front und von meinen Mitarbeitern kommen, wirklich aus, damit der Name Messerschmitt seinen guten Klang behält. Heil Hitler! Udet"

Die Probleme im Flugbetrieb mit der Me 210 nahmen aber nicht ab. Die Flugstabilität um alle Achsen war nicht so, wie sie berechnet worden war. In manchen Flugphasen wurden die Flugeigenschaften der Me 210 von den Piloten als „charakterlos" bezeichnet. Die Änderung vom doppelten Seitenleitwerk auf ein zentrales Leitwerk war erforderlich, damit die fernsteuerbare Abwehrbewaffnung nach hinten zielgerichteter gesteuert werden konnte. Bei einer seitlichen Schwenkung war sonst immer ein Seitenleitwerk im Wege. Verstärkungen am Rumpfende kamen erst mit der Verlängerung des Rumpfes und Änderungen am Kabinendach, denn hier mussten Überrollbügel eingebaut werden, damit bei einem Überschlag der Maschine die Besatzung nicht erdrückt wurde. An der Tragfläche wurden Strakfehler festgestellt. (Anmerkung: Als Strakfehler wird bezeichnet, wenn die Übergänge zwischen den einzelnen Profilen nicht richtig gerechnet oder nicht sauber gebaut sind.) Dann auch noch ein zu schwach ausgelegtes Fahrwerk, welches für Feldflugplätze als nicht geeignet eingestuft wurde. Die Ausbrechneigung beim Start waren zu beseitigen. Dazu wurde die Spur des Fahrwerks überprüft. Versuche mit Änderung der Vorspur brachten aber nicht den erwünschten Effekt, sondern erhöhten den Reifenverschleiß, wenn auf befestigtem Untergrund gerollt wurde. Erst mit der Verlängerung des Rumpfes konnte die Ausbrechneigung deutlich reduziert werden, da sich das Leitwerk relativ schnell vom Boden abhob und das Seitenleitwerk entsprechend vom Luftstrom beaufschlagt wurde. Mit dem Seitenruder war dann problemlos die Startrichtung einzuhalten.

Die hier aufgezählten Modifikationen konnten auch nicht sofort umgesetzt werden. Waren die neuen Teile eingearbeitet, dann musste auch erst wieder getestet werden, um sie für die Serienfertigung freizugeben. Das alles kostete Messerschmitt wertvolle Zeit, die aber eigentlich nicht mehr zur Verfügung stand. Aus den vorliegenden Flugberichten geht hervor, dass die Testpiloten mit dem Flugverhalten nicht zufrieden waren und nach wie vor wiederholt eine Verlängerung des Rumpfes forderten. Durch die Unfälle im Einflugbetrieb und bei der Erprobung der Me 210 in der Luftwaffe sah sich Messerschmitt gezwungen, endlich die Genehmigung zur Verlängerung des Rumpfes zu erteilen. Zwei wertvolle Jahre war an den aerodynamischen und technischen Problemen herumexperimentiert worden. Aber jetzt war es fast schon zu spät, um die Me 210 noch zu retten.

Bereits am 3. Oktober 1941 startete Flugkapitän Baur mit der Me 210 Werknummer 101, einer Maschine aus der Augsburger Produktion mit dem Stammkennzeichen NE+BH. Diese Maschine hatte einen verlängerten Rumpf zur Untersuchung einer verbesserten Längsstabilität. Im Flugbericht ist Folgendes festgehalten worden: *„Der erste Eindruck des Flugzeuges mit verlängertem Rumpf ist recht gut. Beim Start ist das Rumpfende ungewöhnlich schnell vom Boden weg. Damit ist auch die Ausbrechgefahr viel geringer, da das Seitenruder von Beginn des Starts an in gesunder Strömung liegt. Bei der Landung fällt angenehm auf, dass der Anstellwinkel in Dreipunktlage nicht mehr so groß ist wie bei den früheren Flugzeugen."*

In einem weiteren Flugbericht mit der gleichen Maschine vom 11. November 1941 wird vom Flugzeugführer vermerkt, dass die Richtungsstabilität bei allen Schwerpunktlagen besser als bei den Maschinen mit kurzem Rumpf sei und durch den um ein Grad geringeren Anstellwinkel in Spornlage die Landung wesentlich vereinfacht werde.

Diese Me 210 mit der Werknummer 101 muss also bereits im September 1941 auf die Rumpfverlängerung umgebaut worden sein. Das bedeutet, dass die entsprechenden Bauvorrichtungen vorhanden waren. Es stellt sich hier die Frage, warum Messerschmitt nicht sofort diese Rumpfverlängerung in die Produktion einfließen ließ. Es kann nur vermutet werden, dass damit die Ausbringung aus der Endmontage reduziert worden wäre. Der Ausstoß an Me 210 lag aber sowieso schon meilenweit hinter der eigentlichen Planung zurück. Messerschmitt argumentierte auch mit einem Mehraufwand von rund 3.000 Arbeitsstunden für die Herstellung und den Einbau der Rumpfverlängerung. Wäre im Oktober 1941 eine sofortige Umstellung erfolgt, dann hätte sich das Projekt

Me 210 sehr wahrscheinlich noch retten lassen. Auch vom RLM wurde offenbar nichts unternommen, um eine sofortige Umstellung auf den verlängerten Rumpf anzuordnen, nachdem die ersten positiven Flugberichte vorlagen. Die verantwortlichen Stellen waren informiert, beobachteten die Lage, aber es erfolgten daraus keine Maßnahmen. Udet ging angesichts der ganzen Probleme in der Flugzeugentwicklung und der Produktion mit der He 177 und der Me 210 am 17. November 1941 in den Freitod. Nachfolger wurde Generalfeldmarschall Erhard Milch. Die schützende Hand für Messerschmitt war nicht mehr vorhanden und Milch ging jetzt konsequent gegen die Administration in Udets Amt, gegen die He 177 und die Me 210, vor.
Aber, die Schuld am Fiasko mit der Me 210 lag nicht nur bei Messerschmitt, sondern auch der Generalstab der Luftwaffe (GL) hatte durch ständige Änderungen und Forderungen zu vielen Schwierigkeiten bei der Me 210 mit beigetragen. Zusätzliche Einbauten wie stärkere Bewaffnung und Panzerung für den Piloten verschlechterten die Flugeigenschaften noch weiter. Es war typisch für die Luftwaffenführung, ein Flugzeug entwerfen zu lassen und dann nachträglich noch Sondereinbauten zu fordern, die in der Gesamtkonstruktion zuerst nicht vorgesehen waren. Bei den deutschen Flugzeugentwicklungen im Zweiten Weltkrieg zieht sich dieses Verhalten wie ein roter Faden durch fast sämtliche Projekte. Hier einige Beispiele, welche die Me 210 betreffen, was an nachträglichen Änderungen und Forderungen des GL im RLM an die Me 210 gestellt wurden:
- Mitnahme von möglichst vielen Leuchtbomben, aber Einzelwurf soll möglich sein.
- Einbau einer Tropenausrüstung in 200 Maschinen.
- Einbau von Ballonabweisern in 120 Flugzeugen.
- Mustereinbau einer GM 1-Anlage im Bombenraum.
- Einsatz der Me 210 als Aufklärer.
- Mitnahme der Splitterbombe SD 2 im Bombenraum.
- Bewaffnung: zuerst zwei MG 151/15, dann ein MG 151/15 und ein MG 151/20, letztlich dann zwei MG 151/20; entsprechendes Mehrgewicht durch Waffen und Munition.
- Forderung nach Unterbringung eines Schlauchboots für zwei Mann.
- Vorschläge für die mögliche Ausrüstung als Nachtjäger.
- Bei der starren Bewaffnung soll es einen Einbau von zwei MG 131 Kaliber 13 mm anstatt der beiden MG 17 Kaliber 7,92 mm geben.
- Am 12. Dezember 1941 wird die Umrüstung als Tiefangriffsflugzeug Me 210 S (Bezeichnung „S" stand für Schlachtflugzeug) mit verstärkter Panzerung beschlossen. Die Sturzflugfähigkeit und die Abfangautomatik sollen aber erhalten bleiben.
- Am 16. Dezember 1941 wird bei einer Besprechung beschlossen, auf die Sturzfähigkeit beim Tiefangriffsflugzeug Me 210 S zu verzichten.
- Die Firma Henschel übernahm die Fertigung der Panzerplatten. Der Einbau der Panzerung musste aber außerhalb der Serienfertigung erfolgen. Der Einbau der Panzerplatten wurde dann auf dem Fliegerhorst Landsberg durchgeführt.
- Aufgrund der ganzen Nachforderungen seitens des RLM stieg das Gesamtgewicht der Me 210 um bis zu 1,4 t an. Dies hatte dann gravierende Auswirkungen auf das sowieso schon an seiner Belastungsgrenze befindliche Fahrwerk.

Zur Gegenüberstellung die an der Me 210 aufgetretenen Probleme:
- Starke Ausbrechneigung beim Start war die Folge.
- Start und Landung werden als schwierig bezeichnet.
- Bei unsauber geflogenen Steilkurven besteht eine sehr hohe Gefahr, ins Flachtrudeln zu kommen, aus dem die Me 210 nicht mehr herauszubekommen ist. Hierzu wurden dann Versuche mit Bremsschirmen durchgeführt. (siehe Dokumente im Anhang)
- Störungen an der elektrischen und hydraulischen Anlage.
- Beim Motoreneinbau war es zu erheblichen Schwierigkeiten gekommen.
- Bei zwei Maschinen sind Motore in der Luft aus ihren Aufhängungen herausgebrochen.
- Das Fahrwerk war viel zu schwach, was zu zahlreichen Bruchlandungen führte. Fahrwerk für Feldflugplätze nicht geeignet; Fahrwerk muss dringend verstärkt werden. Anmerkung: Damit 3,5 kg Stahl eingespart werden konnten, hatte Messerschmitt nochmals

Änderungen am Fahrwerk vorgenommen, die sich nun katastrophal auswirkten.

- Überschläge bei der Landung führten in der Regel zum Tod der Besatzung, da das Kabinengerüst eingedrückt wurde. Ein stabiler Überrollbügel im Gerüst der Kabinenverglasung war nicht vorhanden.
- Die Maschine pendelt um die Hochachse, was ein genaues Zielen bei Bombenwurf und beim Schießen nicht ermöglicht.
- Die Abfangautomatik für den Sturzangriff arbeitet ungenau und bringt nicht die Sollwerte.
- Wird die Sturzflugbremse ausgefahren, entstehen durch den verwirbelten Luftstrom Vibrationen im Höhenruder. Die Sturzflugbremse musste dann in der Tragfläche weiter nach außen verlegt werden. Danach traten keine Vibrationen mehr auf, denn der verwirbelte Luftstrom der Sturzflugbremse floss am Höhenleitwerk vorbei. Das alles verlangte aber Änderungen an der Konstruktion des Flugzeuges und damit verbunden band es Ressourcen im Konstruktionsbüro und es kostete auch wertvolle Zeit in der Produktion. Ein Jahr später wurde, angesichts der sich geänderten Luftkriegslage, auf die Sturzflugbremse verzichtet, denn jetzt war Geschwindigkeit gefragt.

Die Symbolik der Uniformen

Das III. Reich, das als Führerstaat bezeichnet wird, hat ja den Mythos, dass immer alles funktioniert hat und durchorganisiert war. Dem war aber absolut nicht so, denn es gab ständige Intrigen und Rivalitäten in und unter den verschiedenen NS-Organisationen. Da gab es ein Hauen und Stechen in allen Reihen, um einen Aufstieg in der Hierarchie oder die Gunst Hitlers zu erhalten. Dies betraf auch die Spitzenkräfte in der Industrie, denn hier ging es um wirtschaftliche Vorteile, um die Erreichung von Aufträgen und der damit verbundenen Möglichkeit, Gewinne zu erzielen.

Ein Beispiel dafür war Theo Croneiß. Er wurde 1937 zum Betriebsführer der Messerschmitt GmbH Regensburg ernannt. Er war auch im Aufsichtsrat der Messerschmitt AG vertreten. In der SA zum Brigadeführer aufgestiegen, gehörte er zum Stab von SA-Führer Ernst Röhm. In diesem Zusammenhang war ein Ereignis für ihn sehr prägend, was er auch später seinem Sohn erzählte.

Gernot Croneiß, Sohn von Theo Croneiß, berichtete dem Verfasser: *„Mein Vater gehörte auch dem Stab von Ernst Röhm an. Am 29. Juni 1934 hielt sich mein Vater im Braunen Haus in München auf. Er verwaltete damals einen Kapitalfond der SA. Dort konnten SA-Angehörige ein Darlehen beantragen, wenn sie sich zum Beispiel als Handwerker selbstständig machen oder eine andere Existenzgründung vornehmen wollten. Der Zinssatz für ein derartiges Darlehen betrug fast null Prozent. Am späten Nachmittag dieses Tages tauchte Rudolf Hess unangemeldet im Büro meines Vaters auf. Mit den Worten, mein lieber Croneiß, sie fahren heute Abend nicht nach Bad Wiessee zu Röhm raus, sondern sie gehen mit mir in München zum Abendessen. Dieser Einladung konnte sich mein Vater gar nicht entziehen. Hess wusste mit Sicherheit, dass am folgenden frühen Morgen für die SA-Führung der Todesstoß erfolgen sollte. Hess hatte offenbar den Auftrag von Hitler oder Göring bekommen, zu verhindern, dass mein Vater dort anwesend war. Hitler drang, von SS-Leuten und der Gestapo begleitet, am 30. Juni 1934 in das Kurheim Hanslbauer in Bad Wiessee ein und verhaftete die gesamte SA-Führung einschließlich Röhm, mehr oder weniger noch in den Betten liegend. Was dann folgte, war ja die Ermordung von Dutzenden führenden SA-Angehörigen und auch die Hinrichtung von Ernst Röhm durch die SS ohne ein Gerichtsurteil im Zuchthaus in München- Stadelheim.“*

Diese dramatischen Ereignisse dürften für Theo Croneiß schockierend und maßgebend dafür gewesen sein, sich weitergehend abzusichern. Er hatte sehr wohl erkannt, dass seine Funktion als Brigadeführer in der SA nicht

Hitler zu Besuch im Messerschmitt-Werk in Augsburg 1939. In der ersten Reihe von links: Croneiß, Messerschmitt, Hitler, Hentzen, Kokothaki und etwas zurückgesetzt Udet. Was auffällt, fast alles Uniformträger. Croneiß hier in SA-Uniform mit seinen Orden aus dem I. Weltkrieg, Messerschmitt und seine beiden Direktoren Hentzen und Kokothaki tragen Zivilkleidung, aber am Revers das Parteiabzeichen der NSDAP.
Foto Croneiß

Rudolf Hess hat in Regensburg in einer Bf 109 E Platz genommen. Croneiß war sich mit Sicherheit dessen bewusst, dass er es unter anderem auch Hess zu verdanken hatte, nicht in den sogenannten Röhm-Putsch verwickelt gewesen zu sein. Trotzdem trägt er hier keine SA-Uniform.
Foto Croneiß

Rudolf Hess zu Besuch am 16. August 1940 in Regensburg. Während Hess seine Parteiuniform der NSDAP trägt, hat Croneiß seine normale graue SS-Uniform an. Im Kontrast dazu Messerschmitt und Flugkapitän Willi Stöhr in ziviler Bekleidung. Auch hier macht Professor Messerschmitt einen eher zurückhaltenden Eindruck.
Foto Croneiß

unbedingt eine Lebensversicherung darstellte. Damit lässt sich wohl auch sein späterer Beitritt zur SS erklären. Schon aus reinem Selbsterhaltungstrieb musste er sich in diesem „Haifischbecken III. Reich" nach allen Seiten absichern. Als Major der Luftwaffe, SA- und SS-Brigadeführer sowie Wehrwirtschaftsführer hatte er so in alle erdenklichen Richtungen entsprechende Verbindungen. Mit den damit verbundenen Beziehungen nahm er auch Einfluss in die verfahrene Situation mit der Me 210. Er versuchte, Professor Messerschmitt bei den entstandenen Problemen gegenüber dem Reichsluftfahrtministerium (RLM) nach Kräften zu unterstützen.
Im III. Reich waren eine große Anzahl an unterschiedlichsten Organisationen und deren Uniformen vorhanden. Mit Uniformen wurde nicht nur die Zugehörigkeit zu einer Organisation angezeigt, sondern auch eine Machtposition dem Gegenüber demonstriert. Damit wurde auch Politik gemacht oder es wurde zumindest versucht, Einfluss zu nehmen. Im Fall des Messerschmitt-Konzerns ist dies ganz deutlich in vielen Aufnahmen, aber auch in Dokumenten erkennbar.
In der folgenden Fotoserie kann man sehr gut interpretieren, wie die verschiedenen Interessen durch die getragenen Uniformen dargestellt wurden. Dem jeweiligen Gegenüber sollte vermittelt werden, dass mit der entsprechenden Uniform und dem Dienstgrad sich eine mächtige unter Umständen auch gefürchtete Organisation dahinter verbarg. Das Auftreten der Staatsmacht in Zivil war aber auch beängstigend, denn die Ledermäntel der GESTAPO waren gefürchtet. Aber auch das Auftreten bei offiziellen Anlässen in Zivilkleidung markierte einen deutlichen Standpunkt im und zum System. Da war dann zumindest das Parteiabzeichen gefragt.
Als sich die Situation mit der Me 210 1941 ständig verschärfte, fällt dies bei einigen Aufnahmen ganz deutlich auf. Im Briefverkehr von Seiten des Messerschmitt-Konzerns wurde Croneiß in der Regel als Brigadeführer im Verteiler geführt. Bei Briefen vom RLM an Messerschmitt stand dagegen im Verteiler: Major Croneiß.
Messerschmitt, der an sich nie in Uniform auftrat, wich beim Besuch von Generalfeldmarschall (GFM) Milch im Januar 1942 davon ab. Zu diesem Zeitpunkt waren die Probleme mit der Me 210 nicht mehr wegzudiskutieren. Milch kam zu seinem Antrittsbesuch als Nachfolger von Udet nach Augsburg. Messerschmitt ließ eine Abteilung seiner Arbeiter zum Empfang antreten, deren Front Milch abschritt. Messerschmitt und seine Direktoren Heinrich Hentzen und Rakan Kokothaki waren wie immer in Zivil gekleidet, trugen aber eine Schirmmütze mit dem Emblem der Deutschen Arbeitsfront. Croneiß war in seiner SA-Uniform erschienen. Damit wollten Messerschmitt und seine Direktoren Milch ganz klar demonstrieren, dass hinter ihnen tausende Arbeiter und

Abschreiten einer Formation von Arbeitern im Messerschmitt-Werk in Augsburg. Von links: Messerschmitt, Kokothaki, Hentzen, Croneiß und GFM Milch. Auch in dieser Aufnahme zeigt Messerschmitt eine gewisse räumliche Distanz zu Milch. Als Chefkonstrukteur und Vorsitzender des Aufsichtsrates müsste sich Messerschmitt doch eigentlich neben dem hohen Staatsgast zeigen und voller Stolz auf seine Mitarbeiter hinweisen.

Foto Airbus Corporate Heritage

Empfang für GFM Milch in Augsburg. Zweiter von links: Direktor Hentzen, Professor Messerschmitt, SA-Brigadeführer Croneiß, GFM Milch und Direktor Kokothaki. Ist es Zufall, dass zwischen Messerschmitt und Milch, Theo Croneiß steht? Messerschmitt und seine Direktoren, die sonst immer in Zivil aufgetreten sind, tragen hier als Kopfbedeckung Schirmmützen mit dem Emblem der Deutschen Arbeitsfront (DAF), und Croneiß trägt seine Uniform als SA-Brigadeführer. Dieses Auftreten fordert Interpretationen geradezu heraus. Was will man mit dieser unterschiedlichen Uniformierung seinem Gegenüber aussagen? Messerschmitt und seine beiden Direktoren vertreten mit dieser Symbolik ihre tausenden Mitarbeiter, Croneiß versinnbildlicht hier die NSDAP und damit Hitler.

Foto Airbus Corporate Heritage

deren Familien standen. Und Croneiß verkörperte in diesem Fall die Partei und damit Hitler. Es sollte wohl auch ein Fingerzeig an Milch sein: Mach uns keine zu großen Probleme, auch wir haben einen Draht zum Führer!

Auch der Reichsstatthalter in Bayern, Franz Ritter von Epp, war mit Sicherheit über die Schwierigkeiten mit der Me 210 informiert. Deshalb erkundigte er sich im Rahmen mehrerer Besuche im Messerschmitt-Werk in Regensburg zur allgemeinen Lage im Betrieb. Bei einem seiner Besuche trug er einen Ledermantel und darunter eine Uniform, aber als Kopfbedeckung einen Trachtenhut mit einem Gamsbart. Eine derartige Kombination ist schon etwas ungewöhnlich und lässt auch Interpretationen zu. Wollte er anschließend auf die Jagd gehen oder mit seinem Auftritt etwas anderes in Bezug auf seine Person aussagen? Denkbar wäre: Als Reichsstatthalter bin ich der Vertreter des Führers in Bayern! Bin sozusagen die Nummer 1 in Bayern!

Ob Hitler, Göring, Rudolf Hess, GFM Milch, Robert Ley, Führer der DAF, Reichsstatthalter Ritter von Epp, verschiedene Gauleiter, Polizeipräsidenten, Kreisleiter – sie alle waren in den Messerschmitt-Werken aus unterschiedlichsten Interessen zu Besuch. Das Auftreten der verschiedenen Personen mit ihren Uniformen im Bereich der Flugzeugindustrie war immer geprägt von Machtdemonstration und versuchter Einflussnahme.

In der Mitte der Reichsstatthalter Franz Ritter von Epp in Regensburg. Epp trägt unter dem Ledermantel eine Uniform. Dieser Auftritt von Epp mit dem Trachtenhut passt irgendwie nicht zusammen und lässt Deutungen zu.
Foto Croneiß

SS-Brigadeführer Croneiß im Gespräch mit dem Reichsstatthalter Ritter von Epp. Croneiß trug auf seiner SS-Uniform das Ärmelband mit den Insignien R.F.SS. Dieses Ärmelband stand für „Reichsführer SS“ und es erhielten nur Personen, die im Stab Himmlers eingebunden waren.
Foto Croneiß

Besuch des Gauleiters Wächtler im Regensburger Messerschmitt-Werk am 1. Mai 1939. Er wird von Theo Croneiß in der Uniform eines Majors der Luftwaffe empfangen. Die Symbolik ganz offenbar: Hinter mir steht Göring und die Luftwaffe!

Foto Croneiß

Anlässlich der Beerdigung von Theo Croneiß im November 1942 entstand dieses Foto: Messerschmitt in Zivil umringt von Uniformträgern. Diese Aufnahme zeigt deutlich, dass Messerschmitt inzwischen eine entsprechende Distanz zur NSDAP eingenommen hat und kein Parteiabzeichen trägt. Am 17. November 1944 kam es zu einem lautstarken Streit zwischen Messerschmitt und dem RLM. Messerschmitt forderte seine Facharbeiter von der Wehrmacht zurück und lehnte die weitere Übernahme von KZ-Häftlingen kategorisch ab.

Serienproduktion in Augsburg und Regensburg

Produktion in Augsburg

Trotz der Berichte von Testpiloten über die nicht ausgewogenen Flugeigenschaften ging die Me 210 in dieser Konfiguration, ohne Verlängerung des Rumpfes und ohne Vorflügel, in Produktion. Allerdings hatte es Messerschmitt mit seinem Hang zum Leichtbau dieses Mal deutlich übertrieben. Der kurze und äußerst schmale Rumpf am Übergang zum Leitwerk wurde als eindeutige Schwachstelle bemängelt, genauso die von ihm vorgenommene Gewichtsreduzierung am Fahrwerk. Bei der Erprobung stellte sich dann heraus, dass das Fahrwerk für Feldflugplätze schlichtweg ungeeignet war.

Notwendige Korrekturen an der Konstruktion und immer wieder neue Forderungen des Reichsluftfahrtministerium (RLM), wie Einbau von stärkerer Bewaffnung, Ballonabweiser an den Tragflächen, verstärkter Panzerung, Tropenausrüstung usw., verzögerten die Serienproduktion. Deshalb mussten bereits gebaute Maschinen aufwändig nachgerüstet oder umgerüstet werden. Trotz der erkannten Probleme liefen die Vorbereitungen für den Großserienbau in Augsburg und Regensburg auf vollen Touren. Der Vorrichtungsbau arbeitete in Tag- und Nachtschichten, damit die notwendigen Arbeitsmittel für die Produktion zur Verfügung standen. Im Bereich Zuschnitt von Blechen, im Presswerk und allen angeschlossenen weiteren Werkstätten lief schon die Produktion aller Baugruppen für die Endmontage der Me 210. Wie bereits erwähnt, hatte das RLM, ohne die Flug- und Einsatzerprobung abzuwarten, vom

Me 210 V-1 mit dem doppelten Seitenleitwerk. Die Ölkühler befinden sich als Ringkühler hinter den Luftschrauben. Diese Kühleranordnung hatte sich nicht bewährt. Bei allen nachfolgenden Maschinen waren die Kühler wieder unter den Triebwerken angeordnet.
Foto Willi Radinger

Eine Aufnahme der Me 210 V-1 von der Rückseite. V-1 bis V-4 waren auch mit Vorflügel (Slots) ausgerüstet, die dann aber in der Serie nicht vorhanden waren, was sich auf die Flugeigenschaften negativ auswirkte.
Foto Willi Radinger

Eine Detailaufnahme des doppelten Seitenleitwerks, das in Anlehnung an das Leitwerk der Bf 110 konstruiert wurde. Nur die V-2 war ebenfalls mit diesem doppelten Leitwerk ausgerüstet, erhielt dann aber ein zentrales Seitenleitwerk.
Foto Willi Radinger

Reißbrett weg eine Großserie von 2.000 Me 210 in Auftrag gegeben. Anfang Juni 1941 begann die Endmontage im Augsburger Messerschmitt-Werk, und Anfang Juli konnten die ersten beiden Me 210 A-1 an die Luftwaffe übergeben werden.

Trotz aller Probleme wurde die Produktion langsam hochgefahren. Im September 1941 konnten 16 Flugzeuge an die Luftwaffe übergeben werden. Davon gingen acht Flugzeuge an die Erprobungsstelle in Rechlin mit den Werknummern 0110, 0111, 0113, 0114, 0116 bis 0119 und 0123. Auch im Oktober gingen weitere sechs Me 210 A-1 mit den Werknummern 0121, 0122, 0124, 0127, 0129 und 0132 nach Rechlin zur Erprobung. Dies zeigt, dass die Me 210 von der Luftwaffe erst noch einer eingehenden Erprobung unterzogen worden ist. Von einer Einsatzfähigkeit und Frontreife war die Me 210 noch sehr weit entfernt, denn bei der Erprobung gab es Verluste durch Absturz, Triebwerksprobleme und Bruchlandungen wegen dem zu schwachen Hauptfahrwerk. Eine weitere Me 210 A-1 mit der Werknummer 0126 ging im September 1941 an die Erprobungsstelle in Tarnewitz zum eingehenden Test der Bewaffnung. Die fernsteuerbare Abwehrbewaffnung nach hinten machte Probleme. Eine

Absturz der Me 210 V-2. Flugkapitän Wendel konnte sich mit dem Fallschirm retten. Bei einem Sturzflug mit hoher Geschwindigkeit reduzierte Wendel die Motordrehzahl auf 2200 U/min, als Schwingungen am Leitwerk auftraten, die zum Bruch des Höhenleitwerks führten.

Foto Willi Radinger

Die V-3 und V-4 erhielten ein zentrales Seitenleitwerk. Auch die V-5 bis V-8 wurden vom doppelten auf ein zentrales Leitwerk umgerüstet. Ab der V-9 war dieses dann in einer serienmäßigen Ausführung vorhanden.

Foto Willi Radinger

In der ersten Serie der Me 210 waren die Landeklappen als Spreizklappen ausgeführt, was aber den Luftstrom verwirbelte und für Unruhe im Höhenruder sorgte.

Foto Airbus Corporate Heritage

Vor der Anbringung der Verkleidungsbleche sind in dieser Aufnahme deutlich die Befestigungspunkte des zentralen Seitenleitwerks erkennbar.

Foto Airbus Corporate Heritage

derartige komplexe Steuerung war für Feldflugplätze als nicht geeignet zu betrachten, denn damit war das dort verfügbare Bodenpersonal überfordert. Auch die Bereitstellung von entsprechenden Ersatzteilen war notwendig. Es erforderte schon Fachleute, wenn die Steuerung nicht oder nur eingeschränkt funktionierte; und diese Fachkräfte waren an der Front oft nicht verfügbar. Dann blieb nur der Weg, diese Flugzeuge einer Werft zu überstellen.

Die Me 210 V-13 GI+SQ mit der Werknummer 0013 und die V-16 GI+ST, Werknummer 0016, wurden am 27. November 1941 an die BAL (Bauaufsicht Luftwaffe) abgegeben. In diesem Monat wurde auch der erste Aufklärer Me 210 B-1, Werknummer 0198 mit der Kennung DI+NJ, von der BAL am 29. November 1941 übernommen.

Im Dezember 1941 wurde eine weitere Me 210 mit der Werknummer 0135 und der Kennung SJ+GY an die E-Stelle Rechlin übergeben und die Werknummer 0149 mit der Kennung VC+SM wurde an die E-Stelle in Tarnewitz überstellt. Die Me 210 V-15 mit der Kennung DI+SS und der Werknummer 0015 wurde am 9. Dezember 1941 von der BAL übernommen. Bei der V-15 war ein Umbau auf Motor DB 605 mit Vierblattpropellern erfolgt. Bereits am 5. Dezember 1941 ist ein Nachflug von 30 Minuten vom RLM durchgeführt worden. Im Dezember konnten insgesamt neun Neubauflugzeuge abgeliefert werden. Weitere acht Me 210 A-1 und eine B-1 mit der Kennung VN+AM und der Werknummer 0175 konnten durch die BAL übernommen werden.

Im Januar 1942 konnten insgesamt 34 Me 210 an die Luftwaffe abgeliefert werden. Darunter war eine Me 210 B-1, Kennung DI+NK, Werknummer 0199. Zur Umrüstung mit zusätzlicher Panzerung in die „S“ wurden 13 Me 210 A-1 auf den Fliegerhorst Landsberg überstellt. Die Me 210 V-15 wurde nach einer Bruchlandung per Bahn an die Firma Bachmann in Fürth zur Instandsetzung abgegeben.

Am 2. April 1942, gingen drei Me 210 an die E-Stelle Tarnewitz zur Waffenerprobung, und nur die Werknummer 0276 mit der Kennung SO+MP wurde am 9. April an die BAL abgeliefert. Die Me 210 B-1, Werknummer 0198 und mit der Kennung DI+NJ, wurde bei einer Bruchlandung so schwer beschädigt, dass die Maschine an einen Zerlegebetrieb in Göttingen zur Verschrottung ging.

Bei später gebauten Maschinen wurden Wölbungsklappen als Landeklappen verwendet, was natürlich wieder eine Änderung der Konstruktion erforderte.
Foto Airbus Corporate Heritage

Blick in die beiden Taktstraßen für das vordere Rumpfteil mit der Kabine Me 210.
Foto Airbus Corporate Heritage

Auf drei Taktstraßen werden die sehr aufwändigen Tragflächenmittelteile produziert. Dieses Teil nahm das Fahrgestell und die Triebwerke auf und wurde in der Endmontage mit dem Rumpfvorderteil verbunden.
Foto Airbus Corporate Heritage

Eine weitere Ansicht der drei Taktstraßen mit dem Einbau der elektrischen Verkabelung und der notwendigen Hydraulik- und Kraftstoffleitungen. Die Landeklappen sind hier noch als Spreizklappen ausgeführt. Beachtenswert sind auch die sehr beengten Arbeitsverhältnisse.
Foto Airbus Corporate Heritage

Aus der Endmontage kommend stehen zahlreiche fertige Me 210 für den Einflug bereit. Auch hier stehen die Flugzeuge eng bei eng zusammen.
Foto Airbus Corporate Heritage

Der Arbeitsplatz des Flugzeugführers mit dem Instrumentenbrett. Die Überwachungsinstrumente für die beiden Triebwerke befanden sich nicht in der Kabine, sondern waren am Motorträger befestigt.
Foto Airbus Corporate Heritage

Hier rollt eine Me 210 zum Einflug. Deutlich ist das Tarnschema auf den Tragflächen erkennbar.
Foto Croneiß

Flugaufnahme einer Me 210, die sehr deutlich den kurzen und schlanken Rumpf am Übergang zum Leitwerk zeigt. Foto Croneiß

Im Bild die ausgefahrene Sturzflugbremse, die auf der Ober- und Unterseite der Tragfläche zu sehen ist. Bei den V-Mustern traten nach dem Ausfahren Vibrationen im Höhenleitwerk auf. Diese konnten erst nach einer Verlegung der Bremse weiter nach außen in der Tragfläche beseitigt werden. Als die Sturzflugbremse samt Abfangautomatik serienreif war, wurde sie von der Luftwaffe nicht mehr benötigt, denn jetzt, im Jahre 1942, war Geschwindigkeit gefragt.
Foto Croneiß

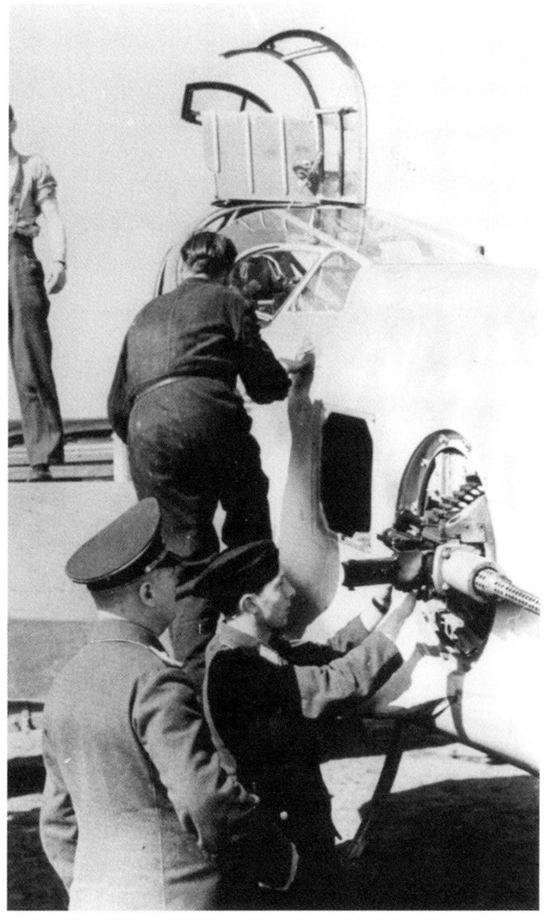

Die nach hinten gerichtete Abwehrbewaffnung der Me 210. Im Bild ist die Verkleidung abgenommen und das MG 131 mit der Munitionszuführung zu sehen. Die Steuerung erfolgte durch den Bordfunker. Das sehr aufwändige Steuerungssystem war für den Einsatz auf Feldflugplätzen viel zu komplex.
Foto Croneiß

Verschiedene Aufnahmen von Bruchlandungen beim Flugbetrieb in Augsburg: Hier hat es die Me 210 V-10 mit dem Kennzeichen GI+SN erwischt. Ein Feuer im rechten Motor hat diese Bauchlandung erfordert.
Foto Willi Radinger

Das rechte Fahrwerk ist kollabiert und der Motor aus seiner Halterung gebrochen – Me 210 mit dem Stammkennzeichen PN+PD.
Foto Willi Radinger

Gleiches Schadensbild zeigt sich bei der Me 210 mit dem Stammkennzeichen PN+PF.
Foto Willi Radinger

Me 210 V-13, Kennung GI+SQ, mit Triebwerken DB 601 F und Vierblatt-propellern. Die Motorhauben sind mit Tarnanstrich versehen.
Foto Peter Petrick

Die mächtigen Vierblattpropeller der V-13. Die Ladereinläufe für die Motoren sind hier noch in viereckiger Form ausgeführt, was aber keinen laminaren Luftstrom im Ladereinlauf ergab. Damit war ein Leistungsverlust der Motoren verbunden. Es erfolgte dann ein Umbau in runder Ausführung, welcher eine bessere Lader- und damit Motorleis-tung ergab.
Foto Peter Petrick

Hier hat die Me 210 V-13 nach Umrüstung auf DB 605 A-Triebwerke eine respektable Bruchlandung hingelegt und wurde dabei massiv beschädigt. Die Motorenverkleidungen wurden nach der Umrüstung auf DB 605 modifiziert.
Foto Peter Petrick

Eine Detailaufnahme des linken Triebwerks. Deutlich sind die Änderungen an der Motorverkleidung erkennbar. Die Kabinenhaube entspricht weitgehend der Serie und verfügt jetzt über Überrollbügel. Damit sollte die Besatzung bei einem Überschlag der Maschine geschützt werden. Nach dieser schweren Beschädigung wurde die Me 210 V-13 zerlegt und nach Fürth zur Firma Bachmann zur Reparatur abgegeben.
Foto Peter Petrick

Produktion in Regensburg

Seit 1938 produzierten die Bayerische Flugzeugwerke Regensburg GmbH den Typ Bf 108. Im Januar 1939 begann die Fertigung der Bf 109. In der Endmontagehalle wurden 1941 die Bauvorrichtungen der Bf 109 abgebaut und dafür zwei Fertigungslinien der Me 210 errichtet. Regensburg produzierte an Zentralteilen die Tragflächen und den hinteren Rumpf für alle Me 210. Im Juli 1941 begannen die Arbeiten in der Endmontage. Die erste Me 210 rollte Ende August aus der Endmontage. In diesem Jahr wurden in Regensburg insgesamt 32 Me 210 A-1 produziert. Im September rollten fünf, im Oktober zehn, im November sechs und im Dezember 1941 kamen elf Flugzeuge aus der Endmontage. Die Reduzierung im November ergab sich wegen zahlreicher Änderungen und Nachrüstungen. 1942 wurden bis zum Produktionsstopp insgesamt 62 Me 210 hergestellt. Damit ergibt sich eine Gesamtherstellung von 94 Me 210 A-1.

Aber auch in Regensburg lief die Produktion nicht störungsfrei ab, wie folgender Bericht zeigt: *„Der Werkstattleiter Bruns von der Firma Henschel meldete sich mit seinen Monteuren am 27.10.1941 bei der Messerschmitt GmbH Regensburg mit dem Auftrag, am Tragflügelmittelteil die Bolzen für den Beschlag der Knickstrebe vom Fahrwerk auszuwechseln. Bei Herrn Walter in der Verwaltung sowie beim Technischen Direktor Linder war über die Durchführung dieser Arbeiten nichts bekannt. Direktor Linder argumentierte, dass diese Arbeiten das laufende Monatsprogramm gefährden würden. Wir einigten uns darauf, dass wir die Arbeiten zu jeder Tages- und Nachtzeit durchführen würden, ohne die Produktion zu stören. Daraufhin wurde festgestellt, dass von den 26 Tragflächenmittelteilen, die an die Firma Messerschmitt geliefert wurden, bereits zwei Maschinen im Einflugbetrieb auf dem Fliegerhorst in Obertraubling standen und an die BA der Luftwaffe übergeben wurden. Zwei weitere Me 210 standen auf dem Flugplatz in Regensburg bereit zum Überfliegen nach Obertraubling. Weitere zehn Maschinen waren in der Endmontage und gingen ihrer Fertigstellung entgegen. Die übrigen Tragflächenmittelteile waren noch nicht in die Produktion eingebunden worden. Es wurde festgelegt, dass als erstes für die Überführung nach Obertraubling bereit stehenden Maschinen die Änderung durchgeführt werden sollte. Bei den Me 210 auf dem Fliegerhorst Obertraubling handelte es sich um die Werknummern 2267 und 2268. Die Werknummer 2267 musste aber erst noch vom Einflugbetrieb abgenommen werden, bevor wir dort die Änderung durchführen konnten. Erst nach der Änderung dieser vier Flugzeuge und der zwei in Obertraubling sollten die Flugzeuge in der Produktion nacheinander an die Reihe kommen. Mit der ersten Maschine auf dem Industrieflugplatz in Regensburg/Prüfening begannen wir am Montag, den 27.10.1941. Durch Nachtarbeit konnte diese am Dienstagmittag fertiggestellt werden. Die Arbeiten am anderen Flugzeug wurden am Mittwoch den 29.10. ,beendet. Am Donnerstag sind wir dann nach Obertraubling umgezogen. Dafür musste ich einen Lieferwagen aus der Stadt besorgen, weil vom Werk zu dieser Zeit kein Transportmittel bereitgestellt werden konnte. Der Stand der Arbeiten und der Termine in Obertraubling bezüglich der Übergabe der Maschinen war zeitlich derartig kurz, dass Direktor Linder mir bei unserer Ankunft dort für den Tag das Arbeiten an den beiden Maschinen verboten hat. In der Zwischenzeit habe ich die entsprechenden Betriebsmittel zum Aufbocken der Me 210 besorgt. Am Mittag konnte ich es doch erreichen, dass wir die Werknummer 2268 in Angriff nehmen konnten. Diese Maschine wurde am Freitag fertiggestellt. Die Werknummer 2267 stand am 1.11.1941 mit der durchgeführten Änderung auf dem Platz in Obertraubling und konnte so noch in das Monatsprogramm für Oktober übernommen werden.*

Da weder in der Einfliegerhalle in Regensburg noch in Obertraubling geeignete Betriebsmittel wie Aufbockspindel, Trittleitern, Druckluftanschlüsse, elektrische Verteilerkästen und Ballastgewichte vorhanden waren, wurden die Arbeiten unnötig erschwert. Dies war aber darauf zurückzuführen, dass wir nicht angemeldet waren und somit auch keine Vorbereitungen für unseren Arbeitseinsatz getroffen werden konnten. Diese Umstände erschwerten die Arbeiten in der Nacht bedeutend. Erst durch die Mithilfe von Werkangehörigen und Führungskräften von Messerschmitt konnten diese Betriebsmittel nach und nach beschafft werden. Wir hatten es trotz aller Widerstände gerade noch geschafft."

Frauen arbeiten an der Bestückung der seitlichen Konsolen der Me 210.
Foto Croneiß

Detailaufnahme von der Herstellung des hinteren Rumpfteils in Regensburg. Regensburg fertigte diese Teile auch für die Augsburger Produktion.
Foto Croneiß

Am 31. März 1942 führte der Werkpilot Wöckner mit der Me 210 V-25, Werknummer 2349 GE+KU, aus der Regensburger Produktion einen Werkstattflug durch: *„Diese Me 210 hatte den verlängerten und aufgedickten Rumpf, das innenausgeglichene Höhenruder und kurze Slots (Vorflügel) mit Rollenführung an den Tragflächen. Beim Flug sind keine wesentlichen Probleme*

In dieser Aufnahme ist deutlich die Taktfertigung der Rumpfhalbschalen zu sehen. Auch in Regensburg herrschten sehr beengte Platzverhältnisse im Bereich der Produktion. Die Halbschalen wurden in entsprechenden Bauvorrichtungen hergestellt.
Foto Croneiß

aufgetreten. Der Start wurde als einfach bezeichnet und eine Ausbrechneigung nicht festgestellt. Die Vorflügel arbeiteten einwandfrei und fuhren bei einer Überziehgeschwindigkeit von 245 km/h aus. Beim Kurvenflug gingen die Vorflügel bei einer Geschwindigkeit von 350 km/h kontinuierlich heraus. Die Steuerdrücke wurden bei allen Fluglagen als gut und ausreichend bezeichnet. Entscheidende Verbesserungen wurden beim Landeanflug festgestellt. Der Landevorgang ist angenehmer geworden, auch wesentlich besser als bei der Me 210 mit der Werknummer 0101. Während man bei der Werknummer 0101 den Knüppel bei der Landung richtig durchziehen muss, bei kleiner Anschwebe-Geschwindigkeit von 180 km/h sogar sehr rasch, setzt sich die Werknummer 2349 nahezu von selbst hin.“

Im Juli 1942 stand eine weitere Me 210 mit der Werknummer 2331, mit der Kennung GF+CK, nach Einbau der Vorflügel zur Durchführung von Testflügen zur Verfügung.

Die notwendigen Umbauten wie Verlängerung mit Aufdickung des hinteren Rumpfes sowie Vorflügel (Slots) an den Tragflächen wurden in Regensburg durchgeführt, da diese Teile dort auch hergestellt worden sind. Am 27. und 28. April 1942 gingen aus der Produktion in Regensburg die Me 210:

Die Produktion der äußeren Tragflächen.
Foto Croneiß

Blick in die Rumpfmontage. Im Gegensatz zum Augsburger Werk wurden in Regensburg die Werknummern sowohl auf dem vorderen und dem hinteren Rumpfteil aufgebracht.
Foto Croneiß

Ganz links ist der Technische Direktor Linder (mit Hut) erkennbar, der eine Besuchergruppe durch die Produktion im Bereich Rumpfmontage führt.
Foto Croneiß

- V-21, Werknummer 2344 mit Stammkennzeichen GF+CX,
- V-24, Werknummer 2347 mit Stammkennzeichen GE+KS,
- V-25, Werknummer 2349 mit Stammkennzeichen GE+KU,

an das Kommando E-Stelle auf dem Fliegerhorst Lechfeld zur Erprobung. Diese drei Flugzeuge waren bereits auf den verlängerten Rumpf und Slots (Vorflügel) umgerüstet worden. Bei den Vorflügeln wurden verschiedene Baumuster verwendet. Nach Angaben in den Berichten von Testfliegern waren dies kurze und längere Vorflügel. Die kurze Ausführung wurde in einem erhaltenen Flugbericht positiv beurteilt. Jetzt erst, aber zu spät, war die Me 210 serienreif und hatte nach zahlreichen konstruktiven Änderungen in fliegerischer Hinsicht ihre Kinderkrankheiten abgelegt. Hinter dem Projekt Me 210 lag ein steiniger und verlustreicher Weg in jeder Hinsicht.

Arbeiten an der Kabinenverglasung. Sehr deutlich sind hier die mit Schablone aufgetragenen Werknummern zu sehen.
Foto Croneiß

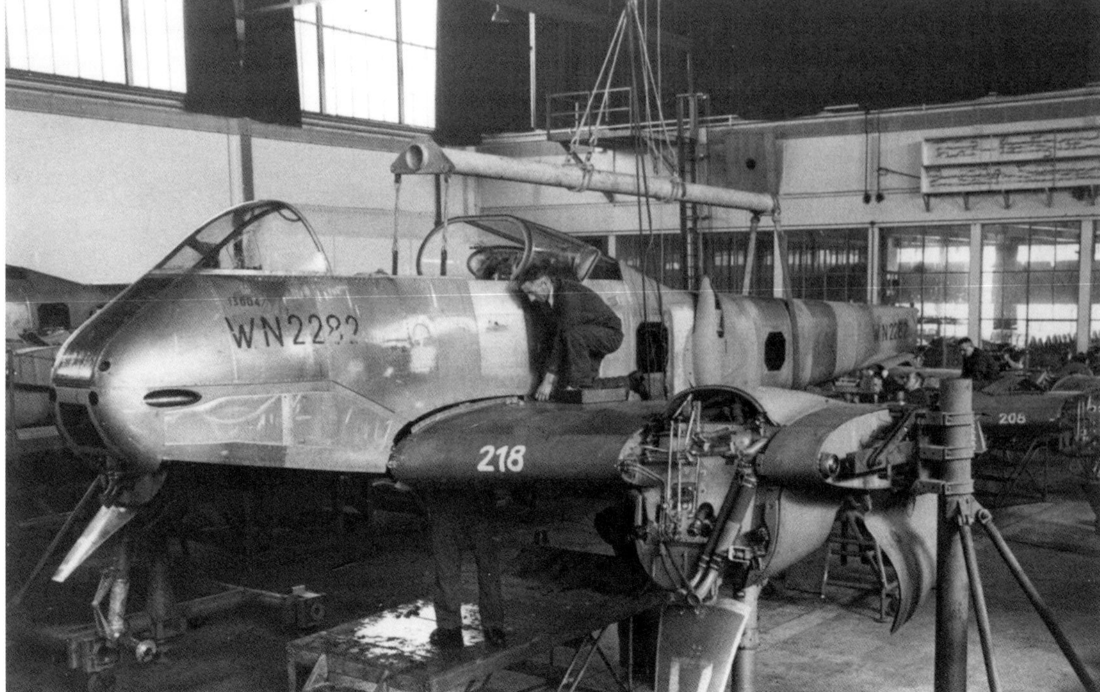

Der Rumpf wird mit einem Kran auf das Tragflächenmittelteil aufgesetzt. Das Fahrwerk ist bereits montiert, das Mittelteil ruht auf fahrbaren Bauvorrichtungen.
Foto Croneiß

In der Endmontagehalle in Regensburg gehen die Me 210 ihrer Fertigstellung entgegen. In der Mitte befinden sich Werkbänke mit der jeweiligen Taktangabe. Auf den Werkbänken wurden die für die Endmontage notwendigen Kleinteile bereitgestellt.
Foto Croneiß

Auf beiden Taktstraßen ist deutlich der Baufortschritt an den Flugzeugen zu erkennen. Im Hintergrund wartet eine Me 210 auf den „roll out" aus der Endmontage. Beachtenswert ist der Tarnanstrich auf den Tragflächen.
Foto Croneiß

Eine Luftschraube ist bereits am Kran befestigt, um sie am linken Motor zu montieren. Die Luftschrauben hatten einen Durchmesser von 3,4 Metern. Rechts davon wird ein Fahrwerk zum Einbau vorbereitet.
Foto Croneiß

Auf den beiden Taktstraßen in Regensburg gehen die Flugzeuge ihrer Fertigstellung entgegen. Ganz rechts ist die ausgefahrene Sturzflugbremse zu erkennen.
Foto Croneiß

Diese Aufnahme zeigt deutlich die Dimensionen, zwischen Menschen und Maschine.

Arbeiten am Triebwerk vom Typ Daimler-Benz DB 601 F mit 1375 PS Leistung. Das Triebwerk galt als unzuverlässig und wurde bei späteren Serien durch den DB 605 in der Me 210 C ersetzt. Speziell der in Ungarn produzierte Typ Me 210 Ca hatte nur noch den DB 605 eingebaut.
Foto Croneiß

Werkmeister Kober führt letzte Kontrollen an einem Motor durch.
Foto Croneiß

Aufnahme der eingedockten Me 210, Werknummer 2294. Die Arbeitsplattformen ermöglichten problemlos die Arbeiten an allen Bereichen des Flugzeugs.
Foto Croneiß

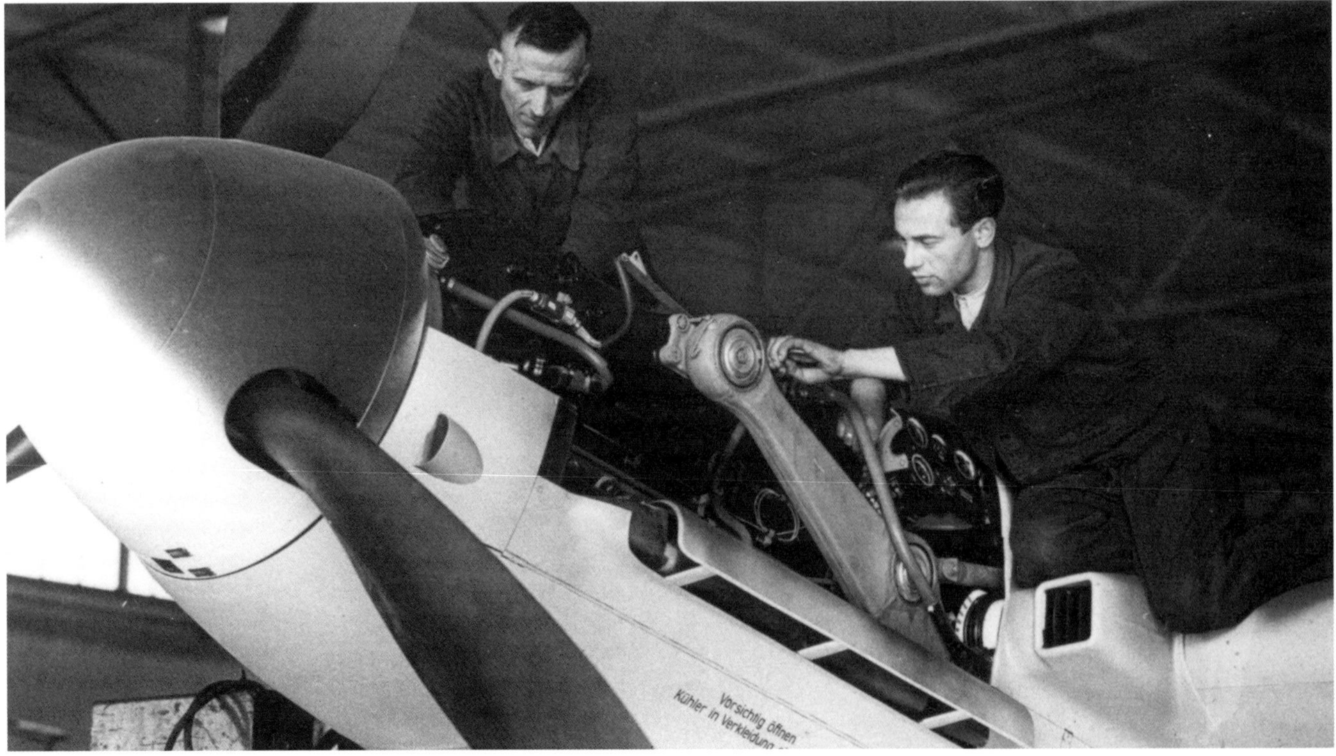

Letzte Arbeiten am Motor vor dem Anbringen der Motorhaube. Der Propellerspinner ist bereits montiert. Der quadratische Lufteinlass für den Lader wurde bei späteren Baumustern gegen einen runden ausgetauscht.
Foto Croneiß

Aufnahme der Rückwärtsbewaffnung einer Me 210. Diese wurde durch den Bordfunker per Fernbedienung gehandhabt. Dazu war in der Kabinenverglasung eine plane Scheibe zur verzerrungsfreien Sicht eingebaut.
Foto Croneiß

In Fluglage aufgebockt werden die Bordwaffen in Regensburg eingeschossen.
Foto Croneiß

Ende August standen die ersten Me 210 auf dem Industrieflugplatz in Regensburg/Prüfening zum Einflug bereit. Für die Me 210 mit ihrer hohen Landegeschwindigkeit war der Flugplatz eigentlich zu klein. Eine Vergrößerung des Platzes war in Planung, wurde allerdings nicht mehr durchgeführt. *Foto Croneiß*

Die Me 210, Werknummer 2254 mit dem Stammkennzeichen VC+GD, auf dem Platz in Prüfening. *Foto Croneiß*

Mit laufenden Triebwerken werden letzte Überprüfungen aller Systeme bei der VC+GD durchgeführt.
Foto Croneiß

Anfang 1942 besuchte eine ungarische Delegation das Werk in Regensburg.
Foto Croneiß

Während die ungarische Delegation die Me 210 besichtigt, sieht man ernste Gesichter bei den Verantwortlichen des Messerschmitt-Konzerns. Von links: Kaufmännischer Direktor Rakan Kokothaki aus Augsburg, Betriebsführer Theo Croneiß in Luftwaffenuniform, Professor Willy Messerschmitt und Technischer Direktor Karl Linder.
Foto Croneiß

Auch in Regensburg gab es Bruchlandungen beim Einflugbetrieb. Die Aufnahme entstand auf dem Fliegerhorst Regensburg/Obertraubling 1941. Im Hintergrund sind mehrere Lastensegler Me 321 „Gigant" erkennbar.
Foto Croneiß

Wegen Motorproblemen konnte diese Me 210 den Fliegerhorst in Obertraubling nicht mehr erreichen und führte daher eine Notlandung in einer Wiese durch. Im Hintergrund sind die Ausläufer des Bayerischen Waldes zu sehen. Zur Bergung der Maschine wurden bereits die äußeren Tragflächen und ein Teil des Seitenleitwerks demontiert sowie die Luftschrauben abgenommen. Am Rumpf ist ein Teil des Kennzeichens GA zu erkennen. Die Landeklappen sind hier als Wölbungsklappen vorhanden.
Foto Sammlung Peter Schmoll

Ein Schlepper vom Typ Lanz versucht die Me 210 zum nächsten Weg zu ziehen. Die Schleppseile sind an den Fahrwerksbeinen befestigt. Laut Angabe wurden die Fotos am 25. August 1941 aufgenommen.
Foto Sammlung Peter Schmoll

Die fast profillosen Reifen des Lanz drehten in der Wiese immer wieder durch, sodass man sich dazu entschloss, den Kettenschlepper vom Typ Praga an die Notlandestelle zu bringen. Dieser Schlepper diente auf dem Fliegerhorst dazu, die Lastensegler Me 321 zu bewegen.
Foto Sammlung Peter Schmoll

Der Kettenschlepper hatte keine Mühe, die Me 210 zum nächsten Weg zu ziehen.
Foto Sammlung Peter Schmoll

Mit entsprechendem Personal und viel Hauruck schaffte man es auf den befestigten Weg.
Foto Sammlung Peter Schmoll

Auf der asphaltierten Straße trat der Lanz Schlepper wieder in Funktion. Im Hintergrund ist noch ein LKW vom Typ Opel-Blitz 3t zu erkennen.
Foto Sammlung Peter Schmoll

Die Me 210 passt so gerade auf die Straße. Die Landstraßen waren damals nicht breiter und so geht es mühevoll auf den Fliegerhorst zurück. Zu erkennen ist ein Teil der Kennung mit CG. Es handelt sich hier um die erste in Regensburg hergestellte Me 210 mit der Werknummer 2251 und der Kennung VC+GA.
Foto Sammlung Peter Schmoll

Das Fiasko: Stopp der Produktion Me 210

Aufgrund der Vorfälle bei der Erprobung in Augsburg und Regensburg sowie beim Erprobungskommando gab es im Reichsluftfahrtministerium (RLM) und bei Messerschmitt eine Krisensitzung nach der anderen. Und am 9. März 1942 fassten Göring, Milch und Vorwald angesichts der aufgetretenen Verluste den Entschluss, die Produktion und alle Arbeiten an der Me 210 einzustellen. Am 10. März 1942 wurden Professor Messerschmitt und Theo Croneiß per Fernschreiben darüber informiert, dass die Produktion der Me 210 zu stoppen ist.

Das Fernschreiben, abgestempelt mit *„Geheim und Geheime Kommandosache"*, hatte folgenden Inhalt (siehe auch Faksimile des Fernschreibens im Anhang Dokumente): *„Aufgrund der Besprechung vom 9. März hat Reichsmarschall entschieden, dass der Weiterbau Me 210 sofort einzustellen ist. Über den Neuanlauf wird nach durchgeführtem Nachfliegen durch GL und Front eines neuen Musterflugzeuges mit verlängertem Rumpf, Höhenleitwerk mit Innenausgleich, Vorflügel sowie Behebung aller Beanstandungen, die sich aus der Truppenerprobung ergeben haben, entschieden. Als Ersatz ist Steigerung der Produktion der Bf 109 und Bf 110 vorgesehen. Reichsmarschall erwartet von der Firma Messerschmitt, dass die durch den Ausfall der Me 210 entstandene Lücke durch Steigerung der Produktion der Bf 109 und Bf 110 mit allen erdenklichen Mitteln wieder geschlossen wird. Zur Besprechung der sich aus Vorstehendem ergebenden Folgerungen erwarte ich Prof. Messerschmitt, Dir. Hentzen, Major Croneiß am 12.3. um 11 Uhr bei Oberst Vorwald. Ich bitte, möglichst genaue Betriebsplanungen über Personal und Material mitzubringen, damit Entschlüsse über weiteren Einsatz der Belegschaft gefasst werden können. Außerdem bringen Sie bitte einen Zeichnungssatz über die Höhenflossenverstellung mit.*
gez. Milch"

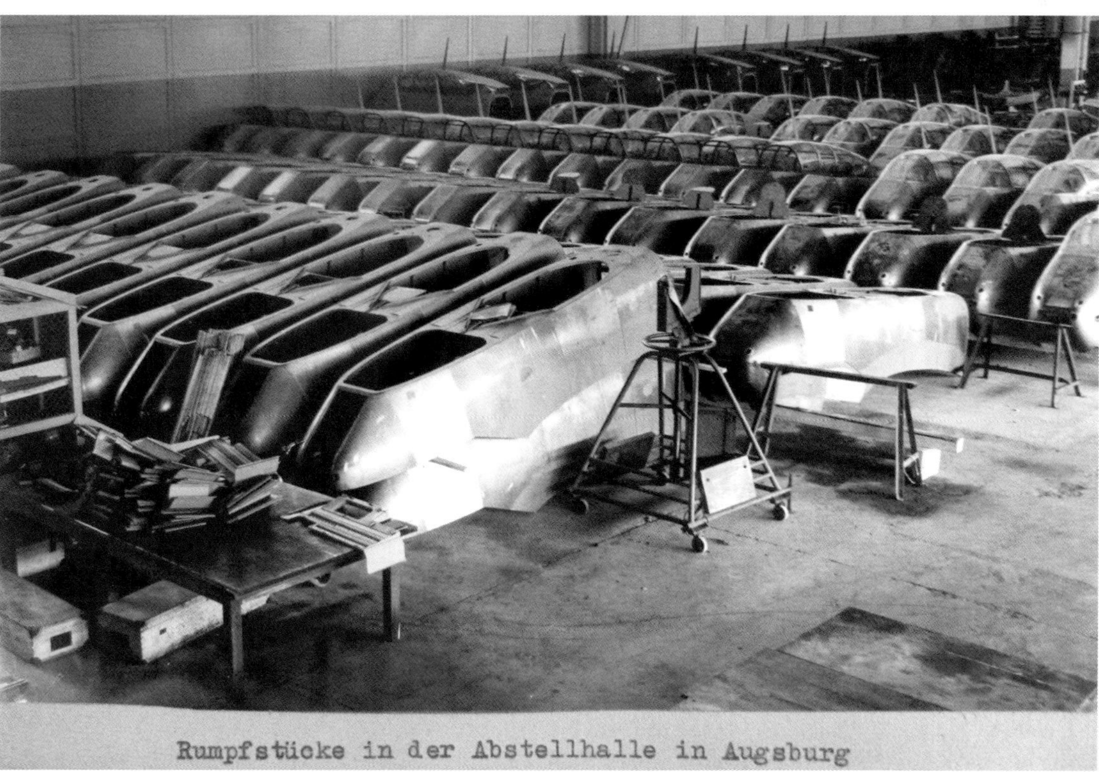

Im Werk in Augsburg lagerten vordere Rumpfteile in allen möglichen Fertigungsstadien.
Foto Airbus Corporate Heritage

Foto Airbus Corporate Heritage

Rumpfstücke in einem Lagerzelt in Augsburg

Foto Airbus Corporate Heritage

Diese Nachricht schlug bei Messerschmitt wie eine Bombe ein. Im Messerschmitt-Konzern brach fast eine Panik aus, denn es drohten Verluste in Millionenhöhe. Bis zu diesem Zeitpunkt waren 77 Me 210 an die E-Stellen und die Luftwaffe gegangen. 205 weitere Flugzeuge befanden sich in der Montage. Dazu kam noch die Teilefertigung bei den Zulieferbetrieben und den Lizenzfirmen MIAG-Lutherwerke und der Gothaer-Waggonfabrik.

Das Werk in Augsburg hing ja komplett von der Produktion der Me 210 ab. Durch den Stopp waren etwa 4.000 Arbeiter für einige Zeit beschäftigungslos, und es entstand im Werk und

Vor einer Werkhalle in Augsburg lagern unter Planen abgelegte Tragflächenmittelteile.
Foto Airbus Corporate Heritage

auch in der Stadt Augsburg eine erhebliche Unruhe durch zahlreiche Gerüchte um die Zukunft der Flugzeugwerke. Professor Messerschmitt sah sich gezwungen am 25. März 1942, die Mitarbeiter zu beruhigen, und so wendete er sich in einer Ansprache, die über die Rundspruchanlage in alle Hallen übertragen wurde, an die Belegschaft in Augsburg mit folgenden Worten:

„Kameraden!
Da im Werk und in der Stadt über die Angelegenheit Me 210 Gerüchte verbreitet werden, die den Tatsachen widersprechen, halte ich es für nötig, soweit es mir aus Geheimhaltungsgründen überhaupt möglich ist, einige Aufklärungen zu geben. Am Montag, dem 9. März 1942, fand beim Reichsmarschall des Großdeutschen Reiches eine Besprechung statt, in der die Front eine Reihe von Änderungswünschen an dem genannten Flugzeugmuster vorgetragen hat, die noch erheblich über die zurzeit in Landsberg durchgeführten Änderungen hinausgehen. Der Herr Reichsmarschall hat entschieden, dass diese Änderungen umgehend angefangen, erprobt und eingeführt werden. Um unnötigen Vorlauf und damit größere, spätere Änderungen zu vermeiden, wurde aus diesem Grunde ein Teil unserer Kameraden für Arbeiten an anderen Baumustern unserer Konstruktionen eingesetzt. Über Einzelheiten, welcher Art diese Änderungen sind und für welchen Verwendungszweck sie durchgeführt werden, kann ich Sie selbstverständlich im Interesse der Geheimhaltung nicht unterrichten. Ich kann Ihnen nur sagen, dass die verbreiteten Gerüchte nicht den Tatsachen entsprechen. Insbesondere sind Gerüchte, dass ich persönlich beim Reichsmarschall in Ungnade gefallen wäre, voll und ganz aus der Luft gegriffen, was Sie schon daraus ersehen können, dass der Herr Reichsmarschall befohlen hat, dass ich zur Durchführung meiner Pläne weitere Arbeitskräfte im Konstruktionsbüro erhalten soll. Ich bitte Sie, meine Kameraden, dahin zu wirken, soweit sie Gelegenheit haben, dass die verbreiteten Gerüchte richtiggestellt werden.“

Vom Stopp der Me 210, waren in erster Linie, die Werke in Augsburg und Regensburg betroffen. Die Nachbaufirmen MIAG-Lutherwerke und Gothaer Waggonfabrik waren zu diesem Zeitpunkt noch in der Umrüstung. In beiden Werken war die Produktion der Bf 110 eingestellt worden, um dann die Me 210 herzustellen. Jetzt mussten die bereits für die Me 210-Produktion aufgebauten Vorrichtungen abgebaut und die der Bf 110 wieder eingebaut werden. Dies betraf auch alle Zulieferbetriebe. Ein unvorstellbares Chaos herrschte in den Produktionshallen. Tausende von Arbeitskräften in allen betroffenen Werken waren mit Arbeiten zur

Produktionsumstellung beschäftig und waren somit auch nicht produktiv tätig.
Die Konferenz am 12. März 1942 fand dann im Befehlszug von Reichsmarschall Göring statt. Nun lagen auch noch die Berichte über die Zwischenfälle bei der I./ZG 1 in Tours vom 9. März 1942 auf dem Tisch. Professor Messerschmitt war gezwungen, einzugestehen, dass die Me 210 in ihrer jetzigen Ausführung nicht einsatzbereit war. Generalfeldmarschall (GFM) Milch setzte nun Messerschmitt sozusagen das Messer auf die Brust. Als Ergebnis dieser Besprechung wurde beschlossen, die Me 210 auf einen verlängerten Rumpf umzubauen und die Tragflächen mit Vorflügeln auszurüsten. Davon sollten die ersten zehn Erprobungsmaschinen bereits am 1. April 1942 zur Verfügung stehen. Milch war mit Sicherheit bekannt, dass dieser Termin für Messerschmitt nicht einzuhalten war. Messerschmitt versuchte, zu retten, was noch irgendwie zu retten war. Mit Hochdruck wurde im Vorrichtungsbau und in der Produktion in Augsburg und in Regensburg an Teilen für die Rumpfverlängerung und den Änderungen an der Tragfläche für den Einbau der Vorflügel gearbeitet. Nachdem der Termin vom 1. April verstrichen und die zehn Erprobungsmaschinen nicht fertiggestellt waren, ging GFM Milch, mit Rückendeckung durch Göring, konsequent gegen Messerschmitt vor. Am 14. April 1942 er-

In einer Lagerhalle sind Tragflächen abgestellt.
Foto Airbus Corporate Heritage

Ein Überblick über die aus Regensburg angelieferten Tragflächen.
Foto Airbus Corporate Heritage

wähnte Milch während einer Sitzung des Generalstabs der Luftwaffe die Möglichkeit, Messerschmitt abzusetzen: „*Schlimmstenfalls lasse ich das gesamte Werk beschlagnahmen und setzte einen Generaldirektor ein. Diese Vorgehensweise ist ja heute ohne weiteres möglich.*“ Milch beauftragte Generalstabingenieur Lucht, die Messerschmitt-Werke zu besichtigen. Ferner teilte

Da die Blechteile und Kabinenverglasungen nicht mehr im Werk untergebracht werden konnten, sind sie in einer Lagerhalle der Spinnerei Stadtbach-Augsburg deponiert worden.

Foto Airbus Corporate Heritage

In einem anderen Raum der Spinnerei lagern bergeweise Kabelbäume der Me 210.

Foto Airbus Corporate Heritage

Milch dem stellvertretenden Messerschmitt-Aufsichtsrat Bankier Fritz Seiler mit, dass Professor Messerschmitt den Vorstand abzugeben habe. Messerschmitt sollte sich nur noch der Forschung widmen. Seiler teilte dies der Konzernführung am 17. April 1942 mit. Croneiß verteidigte Messerschmitt in dieser Besprechung vehement und äußerte den Verdacht des Verrats, was Seiler aber kategorisch abstritt. Seiler äußerte sich dahingehend, dass er das Vertrauen von GFM Milch wiedergewinnen wolle. Seiler als Bankier sah natürlich die riesigen finanziellen Verluste, die wie ein Damoklesschwert über dem Konzern schwebten und den Untergang von Messerschmitt bedeuten konnten. Am 19. April 1942 besichtigte Lucht das Messerschmitt-Werk in Augsburg. Er berichtete Milch von katastrophalen Zuständen: *Messerschmitt sei körperlich völlig runter, wahnsinnig aufgeregt und habe geheult wie ein Schlosshund. Von Croneiß und den anderen Vorstandsmitgliedern berichtete Lucht: „Sie leben völlig in der Furcht des Herrn. Der ganze Laden wird von Messerschmitt kujoniert (schikaniert).“*

In dieser Halle sind Blechverkleidungen und Querruder gestapelt.
Foto Airbus Corporate Heritage

Bereifung der Me 210 und eine große Anzahl von Behältern mit Kleinmaterial sind hier eingelagert.
Foto Airbus Corporate Heritage

(Aussage von Lucht in der GL-Besprechung vom 21. April 1942).

Am 23. April empfing Milch in Berlin Croneiß und Seiler. Diese wollten Milch umstimmen oder zumindest eine andere Lösung für Messerschmitt erreichen. Milch lehnte dieses Ansinnen ab und blieb bei seiner Forderung nach Rücktritt von Messerschmitt und einer Reorganisation des gesamten Konzerns. Er beauftragte Croneiß und Seiler, im Werk Ordnung zu schaffen, ansonsten werde er gezwungen sein, einen „Kommissar" einzusetzen. (Anmerkung: Als Croneiß im November 1942 plötzlich verstarb, wurde Generalstabs-Ingenieur Roluf Lucht im Mai 1943 als Betriebsführer bei der Messerschmitt GmbH Regensburg eingesetzt.) Dann ließ Milch gegenüber Croneiß und Seiler so ganz nebenbei noch eine Bombe platzen, als er den beiden mitteilte, dass Göring die Me 210 vom Flugzeugprogramm abgesetzt habe. Am 25. April 1942 wurden alle Arbeiten an der Me 210 eingestellt, weil mit einer Auslieferung einer größeren Stückzahl vor dem September ´42 nicht mehr zu rechnen sei. Nur noch an 16 Maschinen sollte für Erprobungszwecke weitergearbeitet werden.

Das RLM wies den Messerschmitt-Konzern an, von den beiden Lizenzwerken Gothaer Waggonfabrik und MIAG-Lutherwerke die gesamten Ausrüstungen, Bauvorrichtungen, Rohmaterial, Zellenteile und sonstiges Zubehör zu übernehmen. Allein diese Maßnahme bedeutete einen Verlust von 68 Millionen Reichsmark für Messerschmitt. Für die Lagerung des angelieferten Materials aus den beiden Lizenzwerken wurden auf dem Fliegerhorst Gablingen zwei große Flugzeughallen von Messerschmitt angemietet. Am 30. April 1942 wurde in einer Aufsichtsratssitzung beschlossen, dass sich Professor Messerschmitt nur mehr seinen Aufgaben als Chefkonstrukteur widmet. Damit hatte man Messerschmitt aus der Schusslinie des RLM genommen. Er war damit de facto zum Leiter des Konstruktionsbüros degradiert worden. Theo Croneiß übernahm den Vorsitz im Vorstand der Messerschmitt AG und wurde Betriebsführer in Augsburg. Die Direktoren Hentzen (technische Abteilung) und Kokothaki (kaufmännische Abteilung) verblieben in ihren Positionen. Der Bankier F.W. Seiler leitete nun den Aufsichtsrat. GFM Milch war mit dieser Lösung einverstanden.

Dies war der Höhepunkt des seit langer Zeit sehr gespannten Verhältnisses zwischen Milch und Messerschmitt. Aus dem Schwelbrand war ein offenes Feuer entstanden. Es stellte sich nun heraus, dass die besagten zehn Flugzeuge nicht einmal vor dem 1. Mai zur Ablieferung kommen sollten. Messerschmitt-Aufsichtsrat Croneiß versuchte immer noch fieberhaft, zwischen Professor Messerschmitt und GFM Milch zu vermitteln. In Regensburg waren bis zur Einstellung der Produktion 94 und in Augsburg 258 Me 210 endmontiert worden. In Augsburg und Regensburg befanden sich insgesamt 540 Me 210 in mehr oder weniger fortgeschrittenen

Nutzlose hintere Rumpfhalbschalen liegen im Freien und wurden später verschrottet. Der hintere Rumpfteil der späteren Me 210 war ein völlig neu konstruiertes Bauteil. Mit Folie abgedeckte Rumpfvorderteile warten auf ihre weitere Verwendung. Ein großer Teil der vorhandenen Me 210-Komponenten fanden dann beim Bau der Me 410 Verwendung.

Foto Airbus Corporate Heritage

Soweit das Auge reicht, stehen im April 1942 auf dem Flugplatz in Augsburg-Haunstetten von der Luftwaffe nicht abgenommene Me 210.
Foto Airbus Corporate Heritage

Bauzuständen. Weiteres Material für die Großserie traf in den Werken Augsburg und Regensburg ein. Von Regensburg wurden dazu im Rahmen der Zentralteilefertigung noch 172 Sätze Tragflächen und 278 Rumpfhinterteile für die Me 210 nach Augsburg geliefert. Für die Serienfabrikation wurden 3.090.895 und für die Zentralteilefertigung 2.650.300 Produktionsstunden aufgewendet. In Regensburg waren bereits die ersten Schritte zur nochmaligen Vergrößerung des Flugplatzes in Prüfening eingeleitet worden, da der Industrieplatz für einen sicheren Flugbetrieb der Me 210 nicht ausreichte. Man produzierte in Regensburg ein Flugzeug, obwohl der dafür notwendige größere Flugplatz noch gar nicht existierte. Eine ähnliche Situation ergab sich dann Ende 1944 mit der Me 262 auf dem Fliegerhorst Obertraubling.

Für das Regensburger Werk wurde die Entscheidung getroffen, dass auf die Großserienproduktion der Bf 109 G umgestellt wird. In den Regensburger Werkhallen begann nach der Entscheidung des RLM das große Ausräumen. Die in der Endmontage befindlichen Maschinen wurden fertiggestellt, auf den Fliegerhorst Obertraubling überflogen und dort abgestellt. Ganze Güterzüge mit halbfertigen Flugzeugen, Flugzeugteilen, Bauvorrichtungen, zum Teil auch Rohmaterialien, verließen das Prüfeninger Werk in Richtung Fliegerhorst Obertraubling und nach Augsburg. Ein Teil des Materials wurde in Hallen auf dem Fliegerhorst Obertraubling zwischengelagert.

Nach eingehenden Verhandlungen mit dem RLM, an denen Theodor Croneiß maßgeblichen Anteil hatte, wurden 95 Flugzeuge für eine Rumpfverlängerung in Arbeit genommen (Brief der Messerschmitt AG vom 13. Juni 1942). Davon sollte Regensburg im Juli 1942 vier und im August ein Stück abliefern, in Augsburg sollten im August zehn und von September bis Dezember 1942 je Monat 20 Maschinen mit verlängertem Rumpf ausgerüstet werden. Dazu mussten die fertigen Flugzeuge zerlegt werden. Außenflügel, Mittelflügel, Leitwerk und Rumpfvorderteil wurden umgerüstet, und ein neues verlängertes, dickeres Rumpfhinterteil wurde eingebaut. Anschließend Zusammenbau und Einflug der Maschine. Der Mehraufwand belief sich nach Angaben von Messerschmitt auf ca. 3.400 Stunden je Flugzeug.

Mit Schreiben vom 4. August 1942 teilte die Messerschmitt AG Augsburg dem RLM mit, dass bereits zehn Me 210 mit verlängertem Rumpf an die Truppe ausgeliefert worden seien. Die Gesamtzahl des Lieferprogramms erhöhte sich damit auf 534 Maschinen. In dieser Gesamtzahl waren auch die 12 Me 210 mit verlängertem Rumpf enthalten, die von der Messerschmitt GmbH Regensburg bis zu diesem Zeitpunkt umgerüstet worden waren. Von diesen 12 Flugzeugen wurden sieben an den Versuchsbau nach Augsburg geliefert. Die restlichen fünf Maschinen wurden nach Lechfeld überführt und waren mit einigen neuen Änderungspunkten versehen und zum Teil schon von der Bauaufsicht Luftwaffe (BAL) übernommen worden.

Eingelagerte Kleinteile aus der Fertigung Rohbau.
Foto Airbus Corporate Heritage

Kleinteile und Abdeckhauben.
Foto Airbus Corporate Heritage

Aufgrund dieser Tatsachen kann man heute davon ausgehen, dass 1942 nur Me 210 mit verlängertem Rumpf zur Truppe und in den Einsatz gelangten. Die Auslieferung der Me 210 C (Ausführung mit dem DB 605 A) verzögerte sich bis November 1942, da die Material- und Betriebsmittelbeschaffung nicht früher erfolgen konnte. (Anmerkung des Verfassers: Die Me 210 C mit dem DB 605 wurde von den Ungarn ab Ende 1942 als Me 210 Ca in Lizenz gefertigt und bewährte sich nach deren Angaben bestens.)
Theo Croneiß übernahm den Vorsitz im Aufsichtsrat. Nach Berichten von ehemaligen Messerschmitt-Arbeitern herrschte in Regensburg nach der Entscheidung, die Produktion der Me 210 einzustellen und auf die Bf 109 umzustellen, ein einziges Chaos in den Werkhallen. Me 210- Flugzeuge und -Flugzeugteile in allen möglichen Fertigungsstadien standen in den Regensburger Werkhallen. Die beiden Endmontagelinien für die Me 210, die erst im Juli 1941 in Betrieb genommen worden waren, mussten wieder demontiert werden, da nach den neuesten Fertigungsplänen des RLM in Regensburg nur noch die Bf 109 G hergestellt werden sollte. Die Produktion der Bf 109 E endete im März und die der F im September 1941. In den Monaten Oktober bis Dezember

Kühler und Kabinenhauben.
Foto Airbus Corporate Heritage

Flugzeugkleinteile für Rümpfe und Tragflächen.
Foto Airbus Corporate Heritage

1941 verließen nur zwei Bf 109 die Werkhallen. Es waren dies zwei Erprobungsmuster für die Baureihe der Bf 109 G-1 mit den Werknummern 14001 und 14002. Weitere sechs befanden sich zu diesem Zeitpunkt in der Endmontage. In fieberhafter Tätigkeit rüstete man sich in Regensburg für die Großserienfertigung der Bf 109 G aus, um die geforderte Stückzahl von 250 Maschinen im Monat zu erreichen. Nachdem die Endmontagehalle von der Me 210 geräumt worden war, erfolgte hier der Einbau von drei Fließbändern für die Produktion der Bf 109 G. Bis zum Ende 1942 war die gesamte Produktion auf Fließbandproduktion umgebaut worden. Nach einer monatelangen Anlaufzeit wurde das Ziel mit 250 Flugzeugen im

Flugzeugteile in allen Fertigungszuständen wurden bis unter die Decke gestapelt.

Foto Airbus Corporate Heritage

Monat im Juli 1943 mit 268 Bf 109 G-6 sogar übertroffen. Diese Stückzahl konnte erst jetzt erreicht werden, da auch die Zulieferbetriebe ihre Fertigung auf die größeren Stückzahlen hochfahren mussten. Zum Vergleich: Wurden im Jahre 1942 in Regensburg nur insgesamt 486 Bf 109 hergestellt, so steigerte sich die Produktion der Bf 109 G im Jahre 1943 auf 2.166 Flugzeuge.

Bericht von Martin Gattinger (Flugzeugmechaniker) zur Produktion der Me 210 in Regensburg: *„Ab September 1941 befand sich nur noch eine Montagelinie für die 109 in der Endmontagehalle. Hier wurde seit Mitte 1941 mit dem Einbau von zwei Produktionslinien für die Me 210 begonnen, und im September rollten die ersten Maschinen der 210 aus der Endmontage. Meine Tätigkeit bestand im Einbau des Hauptfahrwerks und einem anschließenden Funktionstest der Fahrwerksanlage. Ständige Änderungen an den Maschinen führten immer wieder zu Verzögerungen in der Fertigung. Das Flugzeug hatte eine wesentlich kompliziertere Technik als die 109. Allein die Hydraulik für das Fahrwerk der 210 war umfangreicher als die der 109. Ein Novum waren die elektrisch fernsteuerbaren MGs für die Abwehr nach hinten. Kaum war die Produktion einigermaßen angelaufen, wurde sie wenige Monate später auch schon wieder gestoppt. Uns wurde damals gesagt, dass durch immer mehr zusätzliche Einbauten, wie schwerere Bewaffnung, zusätzliche Panzerung usw., die Maschine, im Einsatz geflogen, zu kopflastig geworden war. Durch die Einstellung der Produktion entstand in den Regensburger Werkhallen ein einziges Chaos. Überall lagen Bauteile, Baugruppen, Bauvorrichtungen und angeliefertes Material. Die beiden Montagelinien für die Me 210 wurden wieder demontiert und dafür die Fließbänder der 109 installiert. Die Produktion der Bf 109 wurde von der Takt- auf die Fließbandproduktion umgestellt. Alle Bauvorrichtungen der 210, halb fertiggestellte Baugrup-*

Dutzende von Fahrgestellen für das Spornrad.
Foto Airbus Corporate Heritage

In den Lagerhallen wurde jeder Winkel ausgenutzt, um Flugzeugbereifung unterzubringen, wie hier die Reifen für die Spornräder.
Foto Airbus Corporate Heritage

pen, Flugzeugteile und anderes Material wurden aus den Hallen entfernt. Zum Teil lagerten teure und wertvolle Teile auf den Werkstraßen, bevor sie in einer großen Halle auf dem Fliegerhorst in Obertraubling eingelagert werden konnten."

Bericht von Otto Liebl (Elektromeister im Regensburger Werk) über die Me 210: *„Die Me 210 war von der Konzeption her ein viel moderneres Flugzeug als die 109. Allein die elektrischen und hydraulischen Systeme waren wesentlich umfangreicher und das Flugzeug als solches ein äußerst moderner Entwurf. Soweit ich mich erinnere, war die 210 eine schnelle Maschine mit anfänglich unkomplizierten Flugeigenschaften. Durch immer mehr zusätzliche Einbauten wie bei der Bewaffnung und größere Bombenaufhängungen wurde die 210 schwerer, als es wahrscheinlich ursprünglich geplant war. Ich kann mich noch gut daran erinnern, als die Produktion mal wieder gestoppt wurde, weil zusätzliche Panzerung im Führerraum und an den Motoren eingebaut werden musste. In Gesprächen mit unseren Technikern wurde nicht nur hinter vorgehaltener Hand über die sich zuspitzende Situation bei der 210 gesprochen. Nachdem sich dann bei den Fliegerstaffeln einige schwere Unfälle mit diesem Typ ereigneten, kam es zum großen Knall. Die Produktion dieses modernen Fliegers wurde in Regensburg eingestellt. Das nachfolgende Durcheinander im gesamten Werk – die Fertigung der 109 G sollte unbedingt weiterlaufen und zugleich die Hallen mit den Teilen der 210 geräumt werden – war unbeschreiblich. Nebenbei lief auch noch die Produktion der Bf 108. Wochenlang waren wir mit Umbauarbeiten beschäftigt, bis wieder der Stand erreicht war, bevor die 210 in Regensburg gebaut worden war. Ein Großteil der Belegschaft war somit unproduktiv tätig, das heißt, es kamen keine Flugzeuge aus der Endmontage, und der entstandene Schaden dürfte für die Messerschmitt-Werke immens gewesen sein."*

Hermann Kronseder berichtet über die Me 210: *„... bald danach wurde ich nach Obertraubling kommandiert. Als erstes bekamen wir den Befehl, 100 Flugzeuge vom Typ Me 210 kaputtzuschlagen. Die Luftwaffe hatte sich geweigert, die Maschine abzunehmen, weil die zu kopflastig war und bei jeder dritten Landung einen Kopfstand machte. Den jungen Piloten ohne Erfahrung passierte dabei nicht viel. Wir Lehrlinge waren immer die ersten am Wrack. Manchmal holten wir die Borduhr mit ihren schönen Leuchtziffern heraus und nahmen sie mit. Was an den 100 Flugzeugen insgesamt noch verwendbar schien, die Motoren etwa und Reifen, wurde ausgebaut. Dann machten wir uns mit der Axt an die Arbeit. Wir hatten gerade zwölf Flugzeuge zu Schrott gehackt, als der Befehl kam: ‚Aufhören, aufhören!'. Die Konstrukteure hatten eine andere Lösung gefunden: Der Rumpf wurde um einen Meter verlängert, die Kopflastigkeit war*

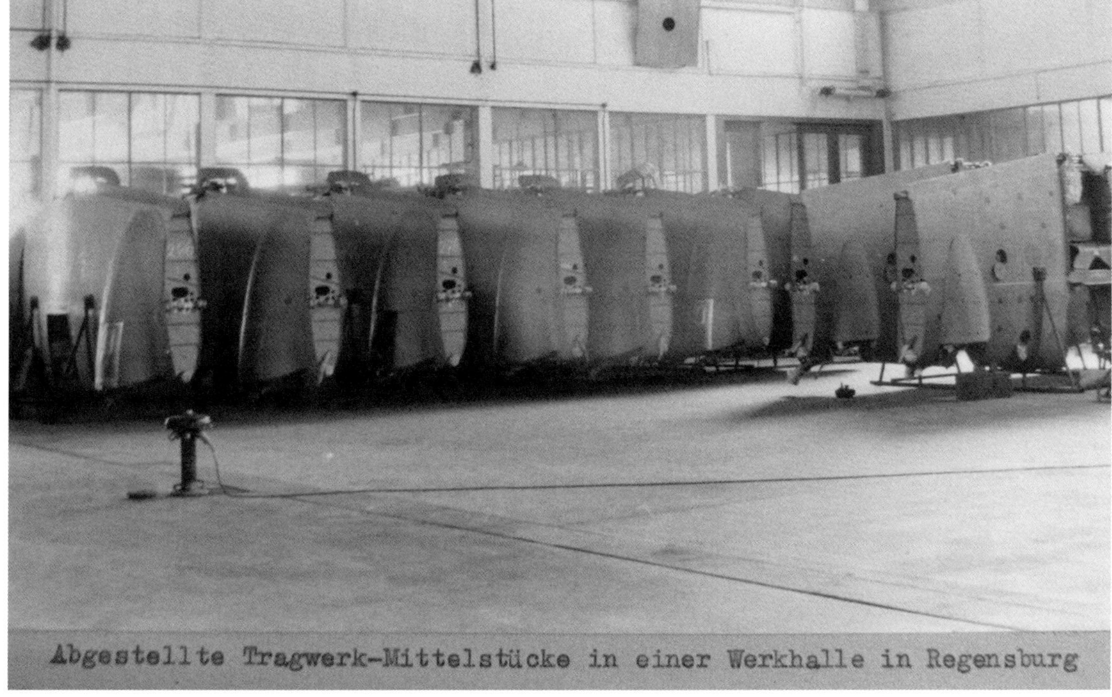
Abgestellte Tragwerk-Mittelstücke in einer Werkhalle in Regensburg

Foto Airbus Corporate Heritage

Aus den Produktionshallen wurden die Bauvorrichtungen der Me 210 erstmal nur auf den Werkstraßen im Regensburger Werk abgestellt.

Foto Airbus Corporate Heritage

Auf dem Fliegerhorst Obertraubling abgestellte Me 210. Einige Flugzeuge waren bereits der Verschrottung zum Opfer gefallen, als die Anweisung für den Umbau der Me 210 auf einen verlängerten und aufgedickten Rumpf sowie Einbau von Slots in den Tragflächen Regensburg erreichte.
Foto Airbus Corporate Heritage

weg, und die Maschine flog einwandfrei. Schnellstens rüsteten wir die restlichen Maschinen um."
Die in Regensburg produzierten Me 210 A-1 entstammten den Werknummern 2251 bis 2354. Folgende Stammkennzeichen sind bekannt:

- 2251 VC+GA – 2276 VC+GZ,
- 2321 GF+CA – 2346 GF+CZ,
- 2347 GE + KS – 2354 GE+KZ.

Die Werknummern 2331 und 2350 wurden im Januar 1943 an Japan verkauft. Der weitaus größte Teil der Regensburger Me 210-Produktion ging an die I. und III./ZG 1 sowie einige wenige an die 2.(F)/122.
Die immer wieder in der Literatur auftauchenden Berichte über Abstürze von Me 210 an der Front, die dann zur Produktionseinstellung führten, sind nicht stichhaltig. Die dem Verfasser vorliegenden Verlustmeldungen von der I./Schnellkampfgeschwader 210, I./ZG 1, E-Stelle Rechlin sowie vom Luftzeugamt von September 1941 bis April 1942 ergaben folgendes Bild: Durch Absturz gingen in diesem Zeitraum sechs Maschinen verloren. Weitere sechs Me 210 mussten wegen anderer Ursachen im Flugbetrieb als zerstört gemeldet werden. Allein 14 Maschinen wurden bei der Landung beschädigt. Dies waren zum großen Teil Maschinenverluste, die auch auf die mangelhafte Einweisung und Ausbildung der Piloten zurückzuführen waren. Die Verluste beziehen sich auf einen Zeitraum von ca. acht Monaten und ereigneten sich bei der Erprobung sowie Umschulung und nicht im Einsatz an den Fronten.
Eine der Ursachen für die vielen Landeunfälle mit der Me 210 lagen nicht nur am zu schwachen Fahrwerk, sondern auch noch in einem anderen Bereich: Hatte die Bf 110 eine Tragfläche von 38,36 m², so reduzierte sich diese bei der Me 210 A auf nur noch 36,20 m². Die daraus resultierende größere Flächenbelastung erforderte eine höhere Landegeschwindigkeit und damit kamen unerfahrene Piloten offenbar nicht so gut zurecht und legten eine Bruchlandung nach der anderen hin. Die Landegeschwindigkeit lag bei der Bf 110 C im Bereich von ca. 150 km/h und steigerte sich aber bei der Me 210 A auf über 180 km/h.
Ein weiterer Punkt waren die sich immer mehr zuspitzenden Spannungen zwischen der Geschäftsleitung des Messerschmitt-Konzerns und dem RLM, das schon seit einiger Zeit

Flugzeugteile der Me 210 lagern in einer angemieteten Flugzeughalle auf dem Fliegerhorst Gablingen.

Foto Airbus Corporate Heritage

an der unzureichenden Produktivität des Augsburger Konzerns Anstoß nahm.

Hierzu ein Bericht von Gernot Croneiß (Sohn von Theo Croneiß) an den Autor: „*Mein Vater war ja damals im Aufsichtsrat des Messerschmitt-Konzerns, und er erzählte uns 1941, nach einem Besuch im Augsburger Werk, dass dort die Geschäftsführung erst am Dienstagmittag im Betrieb erschien und dann bereits ab Donnerstagmittag wieder ins Wochenende fuhr. Die Arbeitsleistung im gesamten Augsburger Werk lag damals schon unterhalb der des Regensburger Betriebs. Vor allem das Verhältnis zwischen Prof. Messerschmitt einerseits und Generalfeldmarschall Milch vom RLM andererseits, der stets mehr an Einfluss bei Göring gewann, verschlechterte sich dramatisch. Messerschmitts Konzern war zu diesem Zeitpunkt (1942) der einzige Flugzeugproduzent im Deutschen Reich, der nicht direkt dem Einfluss des RLM unterstand. Heinkel z. B. hatte wegen der Probleme mit der He 177 den gleichen Weg gehen müssen. Die Schwierigkeiten mit der Me 210 waren also für das RLM in Gestalt von Generalfeldmarschall Milch eine willkommene Gelegenheit, Messerschmitt zu entmachten. Ganz offenbar wurden hier alte Rechnungen aus Lufthansazeiten beglichen. Dies alles geschah natürlich mit vollem Einverständnis von Göring, der Milch und Generalstabsingenieur Lucht freie Hand ließ, das Chaos bei Messerschmitt zu beseitigen, nachdem die Produktion der Me 210 auf Anweisung des RLM eingestellt worden war.*“

Nach der vorübergehenden Einstellung der Produktion der Me 210 ergab sich für den Messerschmitt-Konzern folgendes Bild:

- 354 fertiggestellte Me 210,
- 108 in der Endmontage befindliche Maschinen,
- 98 im Rohbau befindliche Flugzeuge,
- Teilefertigung und Zuschnitte in den Werkstätten für mindestens weitere 800 Flugzeuge begonnen.

Auf Anordnung des RLM sollten, bis auf 16, die fertigen Flugzeuge, die in der Endmontage und die im Rohbau befindlichen sowie das zugeschnittene Material für 800 weitere verschrottet werden. Damit waren die Werke des Messerschmitt-Rings mitten in einer entscheidenden Phase des Krieges erstmal stillgelegt. Für den Messerschmitt-Konzern entstand ein Verlust in Höhe von mindestens 200 Millionen Reichsmark. Nach heutiger Kaufkraft war dies ein Verlust in einer Höhe zwischen 800 Millionen bis zu fast einer Milliarde Euro (Umrechnungsfaktor 1 RM ergibt ca. 4 €).

In den Hallen lagern Flugzeugteile in Wert von mehreren Millionen RM. In 600 vollbeladenen Güterwagen wurden die Teile aus Augsburg und von den Zulieferbetrieben nach Gablingen transportiert. Weitere Teile aus der Regensburger Produktion waren noch in einer Halle auf dem Fliegerhorst Obertraubling eingelagert.
Foto Airbus Corporate Heritage

Eine unüberschaubare Menge an Tragflächenteilen lagert in dieser Flugzeughalle. Für die damalige Zeit waren dies unvorstellbare Werte und angesichts der Kriegssituation eine Vernichtung von Arbeitskraft und hochwertigem Material, denn nur ein Teil konnte nach einer Überarbeitung für die Me 410 verwendet werden.
Foto Airbus Corporate Heritage

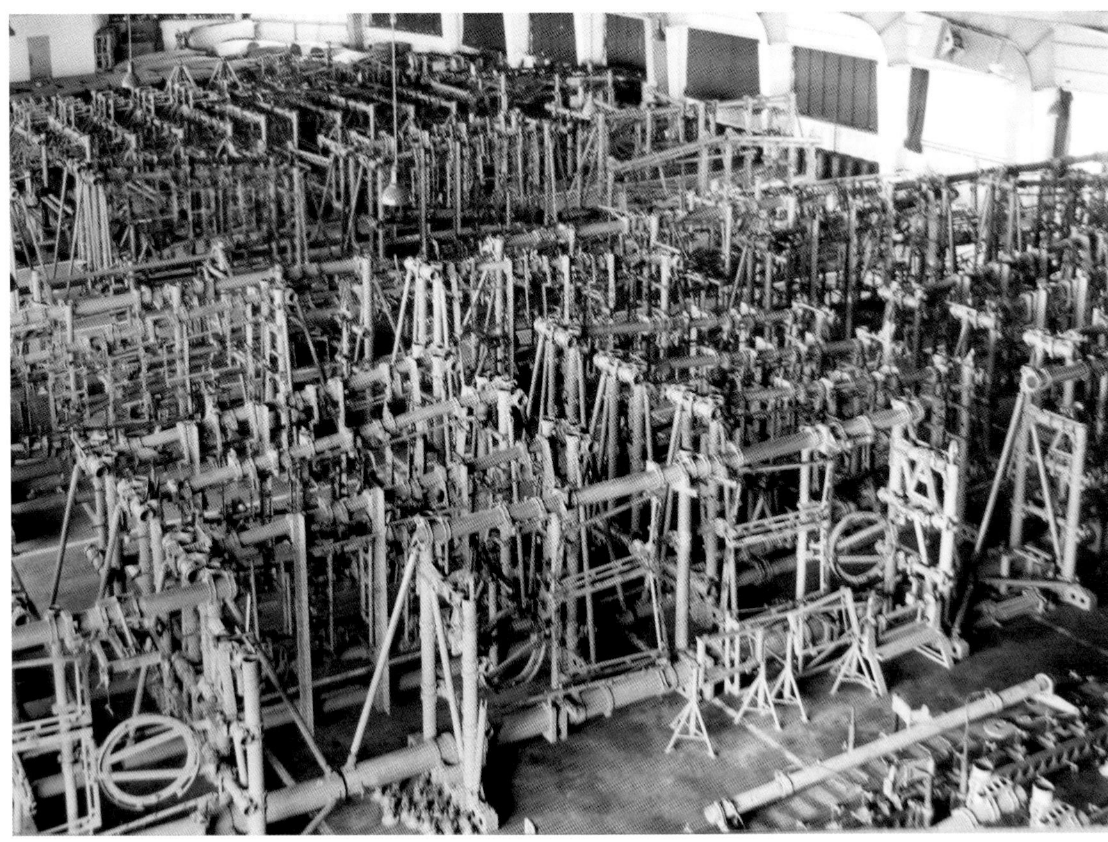

Eingelagerte Bauvorrichtungen soweit das Auge reicht. Als die Forderung nach einem längeren Rumpf kam, sagte Messerschmitt, er müsse dann Bauvorrichtungen im Wert von drei Millionen RM vernichten. Beim Anblick dieser Mengen an Bauvorrichtungen kann man ermessen, wie hoch die Verluste für den Messerschmitt-Konzern waren.
Foto Airbus Corporate Heritage

Eine weitere Aufnahme der abgestellten Bauvorrichtungen. Hier lagerten Millionenwerte, die von den vorgesehenen Lizenzbaufirmen in Gablingen angeliefert wurden. Hinzu kamen dann noch die gesamten Flugzeugteile aus dem Regensburger Werk, die in den beiden Standorten Prüfening und Fliegerhorst Obertraubling eingelagert waren.
Foto Airbus Corporate Heritage

Die Umbauflugzeuge Me 210

Nach einer eingehenden Testreihe beginnend Ende April bis Juni 1942 mit den 16 V-Mustern, die bereits auf eine Rumpfverlängerung und mit Vorflügeln umgerüstet waren, wurde der Umbau von vorhandenen neuen Flugzeugen beschlossen. Nach dem Produktionsstopp der Me 210 wurde im Mai 1942 die Produktion von Umbauflugzeugen aufgenommen. Die wesentlichen Änderungen an den Umbauflugzeugen:

- Der Rumpf wurde um 950 mm verlängert und verstärkt. Vor allem das hintere Rumpfteil war verlängert worden und hatte eine Aufdickung erhalten, um eine stabilere Verbindung zum Leitwerk zu erhalten.
- Verlegung der Sturzflugbremse in den Außenflügel. Anmerkung: Der Angriff im Sturzflug kam aber kaum mehr zur Anwendung.
- Höhenruder innen ausgeglichen,
- Laderansaughutze in runder Form,
- Vorflügel an den äußeren Tragflächen,
- Panzerschutz für Kabine und Triebwerke,
- Überrollschutz im Gerüst der Kabinenverglasung.

Im Mai 1942 wurden insgesamt acht Flugzeuge als Umbau-V-Flugzeuge von der Bauaufsicht Luftwaffe (BAL) übernommen. Dies waren die V-Muster: V-29 und V-30, V-32 und V-33 sowie die V-35 bis V-38. In den kommenden Monatsberichten ist nicht mehr der Eintrag „Neubau-Flugzeuge“ vorhanden, sondern wird durch den Begriff „Umbau-Flugzeuge“ ersetzt. Dies bedeutete, dass die vorhandenen fabrikneuen Flugzeuge mit einem kurzen Rumpf in solche mit einem langen Rumpf umgerüstet wurden. Im Juni 1942 wurden insgesamt sechs Me 210 Umbau-V-Flugzeuge mit der V-29 bis V-31 und V-34 bis V-36 bei der Erprobungsstaffel Me 210 auf dem Fliegerhorst Lechfeld abgeliefert. Die V-18, Werknummer 0145 mit der Kennung VC+ST, war bereits im April an Daimler-Benz zur Umrüstung auf DB 605 abgegeben worden und ging am 25. Juni 1942 an den Serienbau von Messerschmitt zurück. Die Me 210 V-28, Werknummer 0166, Kennzeichen VN+AD, erhielt eine Flügelbombenanlage zur Aufnahme von 24 SD-2-Splitterbomben mit Übergabe am 27. Juni.

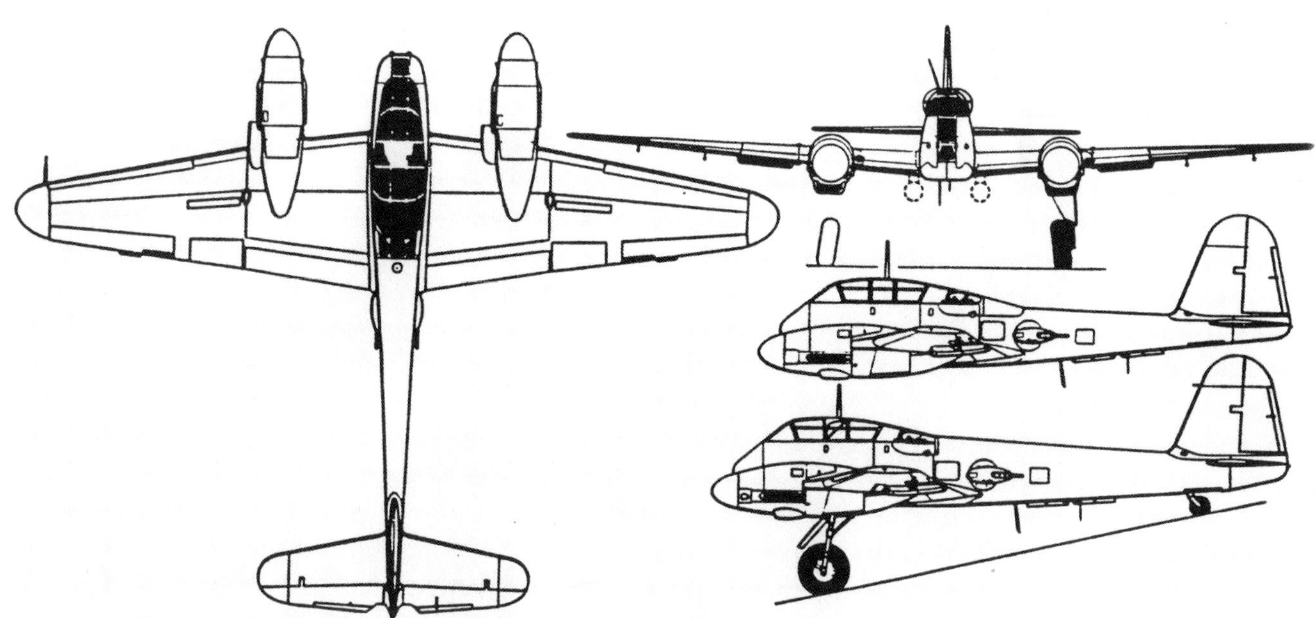

In dieser Skizze ist in der Seitenansicht der Unterschied zwischen dem kurzen Rumpf und dem verlängerten, aufgedickten Rumpf deutlich zu erkennen. Bei der Ausführung mit dem kurzen Rumpf ist ein Übergangsblech zum abgestuften Rumpf eingebaut. Beim Umbauflugzeug ist ein fließender Übergang von der Kabine zum Rumpf vorhanden. Dies ist ein wesentlicher von außen erkennbarer Unterschied zwischen den Neu- und Umbauflugzeugen.

Foto Sammlung Peter Schmoll

Bei diesem Neubauflugzeug Me 210 A-1 ist deutlich der abgestufte Übergang von der Kabine auf das hintere kurze Rumpfteil erkennbar. Der im Bild zu sehende Flugzeugwart ist mit einem Messgerät auf Fehlerstromsuche. Vor allem die elektrische fernsteuerbare Bewaffnung machte hier Probleme, wenn Feuchtigkeit in die Schaltkreise eindrang. In Zusammenarbeit mit der Autounion sollte die Bewaffnung auf eine hydraulische Steuerung umgerüstet werden, was aber nicht mehr zur Ausführung kam.
Foto Airbus Corporate Heritage

Ein Blick in den Rumpfrohbau im Messerschmitt-Werk in Augsburg. Bei den Rümpfen handelt es sich um Umbauflugzeuge mit einem verlängerten und aufgedickten Rumpfhinterteil. Der Übergang von der Kabine ist nicht mehr abgestuft, sondern geht fließend in den Rumpf über.
Foto Airbus Corporate Heritage

Bei der Me 210 B, Werknummer 0157, Kennzeichen VC+SU, erfolgte der Umbau zur Me 210 S (Schlachtflugzeug mit verstärkter Panzerung). Die Übergabe der „S“ an die Luftwaffe erfolgte am 26. Juni 1942. Die Me 210 A-1, Werknummer 0113, Kennung SJ+GM, erhielt eine Kutonase (zur Durchtrennung der Seile von Sperrballonen) an den Tragflächen und den Einbau einer Robot-Kamera. Die Ablieferung dieser Me 210 an die Luftwaffe erfolgte am 25. Juni 1942. Die Werknummer 0113, Kennzeichen SJ+CC, wurde abgesetzt und diente fortan zu Lehrzwecken.

Im Juli 1942, wurden die Umbauflugzeuge Me 210 A-1 mit Werknummer 0151, 0156 und 0171 an die Luftwaffe abgeliefert. Laut Aussage von Messerschmitt war für die Umrüstung je Me 210 ein Mehraufwand von 3.500 Arbeitsstunden erforderlich. Die V-25 GE+KU mit der Werknummer 2349 wurde von DB 601 F auf DB 605 A umgerüstet und am 14. Juli zur Abholung gemeldet. Die Me 210 A-1 (Umbauflugzeug) mit der Kennung VC+ST, Werknummer 0156, wurde an die Ergänzungszerstörer-Gruppe in Deblin-Irena abgegeben. Drei Me 210 A-1 mit den Werknummern 0115, 0142 und 0274 sowie die V-16 gingen an den Serienbetrieb der Messerschmitt AG zum Umbau. Diese Flugzeuge standen bisher zu Erprobungen und Flugversuchen zur Verfügung. Bei der Werknummer 2331 und Kennung GF+CK erfolgte der Einbau von Vorflügeln mit Einfliegen der Maschine. Die Werknummer 2321 GF+CA ging zur Durchführung von Messflügen zum Kommando der Erprobung auf dem Lechfeld. Auch die Werknummer 0063 war nach Neueinstellung der Luftschraubenautomatik beim Erprobungskommando stationiert.

Im August 1942 konnten 17 Umbauflugzeuge Me 210 A-1 abgeliefert werden. Zwei gingen an die Ergänzungszerstörer-Gruppe in Deblin-Irena,

Umbauflugzeug Me 210 V-36, Werknummer 0182 mit dem Stammkennzeichen VN+AT. Deutlich sind die Vorflügel in den Tragflächen sowie der verlängerte und aufgedickte Rumpf zu erkennen. Der Übergang von der Kabine zum Rumpf ist fließender.

Foto Sammlung Peter Schmoll

Die gleiche Me 210 in anderer Fluglage. Deutlich sind Vorflügel (Slots) und der runde Ladereinlauf sowie die Verlängerung des Rumpfes erkennbar.

Foto Sammlung Peter Schmoll

eines an das Luftzeugamt Jüterbog, zwei an die E-Stelle Rechlin, eine Me 210 A-1 verblieb in Augsburg, eine wurde an Ungarn abgegeben und elf Maschinen wurden in Wiener-Neustadt an die III./ZG 1 abgeliefert, die sich dort in Neuaufstellung befand. Die Me 210 V-25, GF+KU, Maschine mit den DB 605, wurde wieder bei Daimler-Benz in Echterdingen abgeliefert. Bei der Me 210 V-19, Werknummer 0027, Kennung DI+NW, mit den DB 603 A-Triebwerken erfolgte der RLM-Nachflug bei der Erprobungsstelle in Rechlin, am 28. August, die Übernahme dann durch die BAL am 29 August 1942. Dies war sozusagen die erste Me 410.

Im September 1942 konnten 18 Me 210-Umbauflugzeuge abgeliefert werden. Davon gingen jeweils zwei an die I./ZG 1 und II./ZG 1. An die 16./KG 6 wurden insgesamt fünf Me 210 abgegeben. Zwei weitere Maschinen gingen an die Erprobungsstelle in Tarnewitz zur Überprüfung der Bewaffnung.

Der Oktober 1942 erlebte eine Produktion von insgesamt 34 Me 210 A-1-Umbauflugzeugen. Davon erhielt die III./ZG 1 in Wiener-Neustadt acht Maschinen. Der I./ZG 1 wurde eine Maschine zugeteilt. Eine Me 210 verblieb bei der BAL. Insgesamt 22 Me 210 A-1 wurden auf den Flughafen München-Riem überführt und dem Oberbefehlshaber Süd (O.B.S.) zugeteilt. Am 7. Oktober 1942 ging die Me 210 mit der Werknummer 0162 durch Absturz bei Lechhausen verloren. Der Flugzeugführer Feldwebel Georg Gatschke und der Messerschmitt-Versuchsingenieur Karl Hammacher kamen dabei ums Leben. Nach der Absolvierung des Flugprogramms führte Gatschke noch einen Anflug auf eine Flakstellung durch. Beim Anflug auf die Stellung kam das Flugzeug zu tief und berührte mit hoher Geschwindigkeit den Boden mit der katastrophalen Folge, dass die Me 210 explodierte.

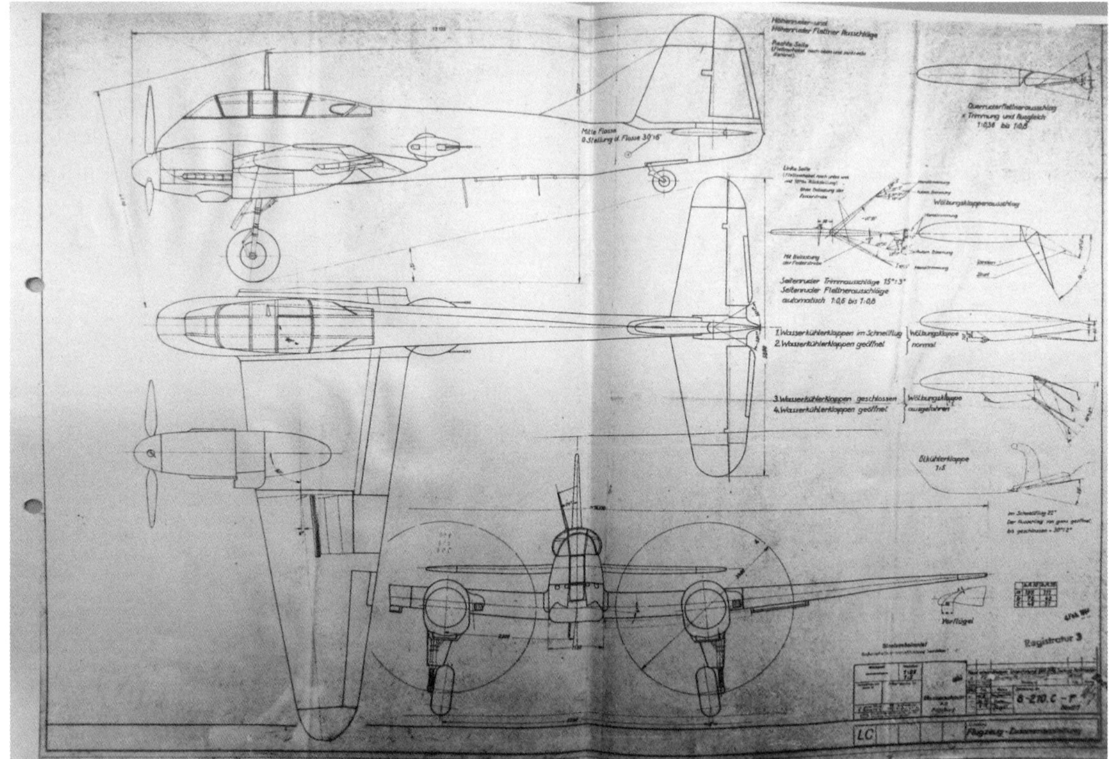

Werkszeichnung der Me 210 C. Von der Baureihe C, mit dem DB 605 A, wurden nur wenige Exemplare gebaut. Laut Flugzeugbauprogramm des RLM waren nicht mehr als 16 Flugzeuge zum Umbau auf DB 605 A geplant. Ungarn baute diesen Typ der Me 210 als Ca.

Foto Airbus Corporate Heritage

Im November 1942 wurden 24 Umbauflugzeuge fertiggestellt. Bis auf eine gingen alle Me 210 A-1 nach München-Riem zum O.B.S. Diese Me 210 dürften alle an die III./ZG 1 nach Sizilien überführt worden sein.

Im Dezember 1942 verließen 16 Me 210-Umbauflugzeuge die Endmontage in Augsburg. 15 A-1 und eine C-1 wurden abgeliefert. Die Typenbezeichnung „C“ steht für Me 210 mit dem Flugzeugmotor DB 605 A anstatt DB 601 F. Die Me 210 C-1, Werknummer 0179 mit DB 605-

Triebwerken, verblieb bei der BAL, genauso wie drei Me 210 A-1. Elf Maschinen gingen nach München-Riem und eine wurde bei der Zerstörerschule in Memmingen abgeliefert.
Der Januar 1943 sah eine verstärkte Ausbringung der Umbauflugzeuge vor. Insgesamt wurden 29 Me 210 und die V-21 Me 410 abgeliefert. Von den 29 Me 210 waren 25 A-1 und vier C-1. Damit wurden in erster Linie die Verluste ausgeglichen bzw. die III./ZG 1 in Sizilien langsam auf die erforderliche Einsatzstärke gebracht. Drei Me 210 A-1, Werknummer 0241, 0243 und 0248, gingen an die Kaiserliche Japanische Luftwaffe. Nach München-Riem wurden 22 Maschinen abgeliefert, davon zwei C-1. Die E-Stelle in Rechlin erhielt ebenfalls zwei C-1. Die Erprobungsstelle in Schwerin bekam zwei Me 210 A-1. Die Me 410 V-21 mit der Werknummer 0191 und der Kennung DI+NC wurde vom RLM am 5. Januar 1943 nachgeflogen und am 7. Januar von der BAL übernommen. Bereits am 9. Januar erfolgte die Ablieferung in Bordeaux zur weiteren Erprobung. Vermutlich

Eine Besatzung, bestehend aus einem Unteroffizier als Flugzeugführer und einem Obergefreiten als Bordfunker, warten vor ihrer Me 210 auf die Übernahme des Flugzeugs. Beachte runden Ladereinlauf und Fenster in der Motorverkleidung.
Foto Sammlung Peter Schmoll

Am 14. März 1943 ist die Umbau-Me 210, Werknummer 205 mit der Kennung 2N+LT, von der 9./ZG 1 auf dem Flugplatz von Gerbini beim Start ausgebrochen und in dieser Abstellbox, bestehend aus Sandsäcken, zum Stehen gekommen. In der Aufnahme sind die Vorflügel an den Tragflächen, die runden Schächte für den Lader und der längere und dickere Rumpf deutlich erkennbar. Das Flugzeug wurde am 9. November 1942 in Augsburg vom Werkpiloten Voss eingeflogen. Die Aufnahme ist ein weiterer Beleg dafür, dass die III./ZG 1, nur mit Umbauflugzeugen ausgerüstet, Ende 1942 in den Einsatz ging.
Foto Willi Radinger

Aus einem Umbauflugzeug Me 210 V-19, Werknummer 0027 mit dem Stammkennzeichen DI+NW, entstand diese Me 210 mit DB 603-Triebwerken. Diese Me 210 erreichte am 3. September 1942 im Tiefflug eine Geschwindigkeit von 525 km/h. Auf Anweisung von GFM Milch erhielt die Serie dann die Typbezeichnung Me 410.

Foto Sammlung Peter Schmoll

dürfte das dort bessere Wetter ein Grund für die Verlegung nach Südfrankreich gewesen sein.

Der Februar 1943, erlebte eine Steigerung der Ausbringung von Umbauflugzeugen auf insgesamt 34 Maschinen: 30 Me 210 A-1 und vier vom Typ Me 210 C-1. Eine Me 210 A-1 wurde an die Deutsche Luft Hansa in Berlin-Staaken abgeliefert und dort mit dem Funkmessgerät (Radar) vom Typ „Hohentwiel" ausgerüstet. Eine weitere Me 210 ging an die BAL bei der Messerschmitt AG in Augsburg. Ferner wurden elf V-Muster der Me 410 hergestellt, die aber alle auf modifizierten Me 210 fundierten. So hatte die V-3 die vollständige Werknummer 2100110055. Folgende V-Muster der Me 410 wurden in diesem Monat abgeliefert: V-3 bis V-5, V-7 und V-9, V-10 bis V-13 und die V-16. Die V-3 und die V-16, Werknummer 2100110211, gingen an die BAL bei der Messerschmitt AG in Augsburg. Die anderen neun Maschinen wurden an die Erprobungsstaffel 410 auf dem Fliegerhorst Lechfeld übergeben.

Im April 1943 wurde nur noch ein Umbauflugzeug Me 210 A-1 mit der Werknummer 2100112291, Kennung BN+CP, hergestellt und an die Erprobungsstelle in Tarnewitz abgeliefert. In diesem Monat erfolgte die komplette Umstellung der Produktion auf die Me 410. Es wurden in diesem Monat auf Basis von modifizierten Me 210-Umbauflugzeugen insgesamt 23 Me 410 hergestellt, davon 19 Me 410 A-1 und vier Me 410 A-1/U-1.

An die Luftwaffe ausgelieferte Me 210 Umbauflugzeuge 1942:

April	Mai	Juni	Juli	August	September	Oktober	November	Dezember
3	8	6	3	17	18	34	24	16

An die Luftwaffe ausgelieferte Me 210 Umbauflugzeuge 1943:

Januar	Februar	März	April	Gesamt 42/43
29	**34**	**17**	**1**	**210***

*106 Me 210 A-1 wurden im alten Bauzustand abgeliefert. Die Flugzeuge wurden, soweit noch vorhanden, von GL/E zur Umrüstung im Rahmen der Reparatur-Industrie angeliefert. Diese Flugzeuge dürften weitgehend auf Me 410 umgerüstet worden sein.

Anmerkung: Im April 1943 wurden zusätzlich die ersten 19 Me 410 A-1 und vier Me 410 A-1/U-1 (Aufklärer) ausgeliefert.

Auf dem Hallenvorfeld in Augsburg-Haunstetten stehen Umbauflugzeuge Me 210 A-1 zum Einflug bereit. Im August 1942 wird erstmals eine größere Anzahl von 17 Flugzeugen an die Luftwaffe geliefert.

Diese Aufnahme zeigt die Me 210 V-31 (Umbauflugzeug) mit der Werknummer 2100110063.
Foto Sammlung Peter Schmoll

Blick in die Rumpfmontage der Umbauflugzeuge. Hier wird das Tragflächenmittelteil mit dem Rumpf verbunden.
Foto Airbus Corporate Heritage

Diese Aufnahme zeigt die Munitionierung des linken MG 131. Während der Munitionsbehälter seitlich eingeschoben wird, muss der Munitionsgurt per Einziehvorrichtung von den Männern unter der Maschine in die Waffe eingezogen werden. Beschussversuche wurden an der E-Stelle für Bewaffnung in Tarnewitz durchgeführt.

Versuchseinbau des Funkmessgerätes (Radar) „Hohentwiel“ in die Me 210

30. JUL 1943

Abschrift ZA/TL-1/Pab.

Rechlin E-Stelle
Erprobungs-Nr.1669

Me 210
Versuchseinbau Hohentwiel

Teilbericht 47
Bl.1

Br.B.Nr.5961/43 geh.

1. Dies ist ein Geheimnis im Sinne des § 88 R-StGB
2. Weitergabe nur verschlossen, bei Postbeförderung als „Einschreiben“.
3. Aufbewahrung unter Verantwortung des Empfängers unter gesichertem Verschluß.

Gegenüber dem im Teilbericht Nr.46 gezeigten Einbau der Antennen wurden die seitlichen Antennen nach Angabe der DLH um 25o mm tiefer gesetzt und das Flugzeug durch die E-Stelle Rechlin (Fl.Stabs-Ing.Neidhardt) nachgeflogen. Das bei der früheren Anordnung der Antennen beobachtete Pumpen des Höhenruders ist jetzt verschwunden und bis zu einer Fahrtanzeige von 600 km/h wurden keine Besonderzeiten beobachtet. An den Flugeigenschaften sind somit gegenüber einem Flugzeug ohne Antennen keine Veränderungen mehr festzustellen. Der Geschwindigkeitsverlust bei Kampf- und höchstzulässiger Dauerleistung beträgt etwa 2o – 25 km/h. in Bödenhähe.

– 2. Aug. 1943

bearbeitet:
gez.Neidhart
Fl.Stabsing.

gesehen:
gez.Unterschrift

Verteiler:
GL/C-E 2/III
GL/C-E 4
E-Stelle Werneuchen
E4
E2
E 2o
Deutsche Lufthansa Staaken
BAL Deutsche Lufthansa Staaken
Fa.Lorenz Berlin-Tempelhof
Mtt.AG.Augsburg

Abschrift für:
KB-Ausr.
AL
Probü, H.Sening

E 2o Nei/Ri. den 13.7.1943

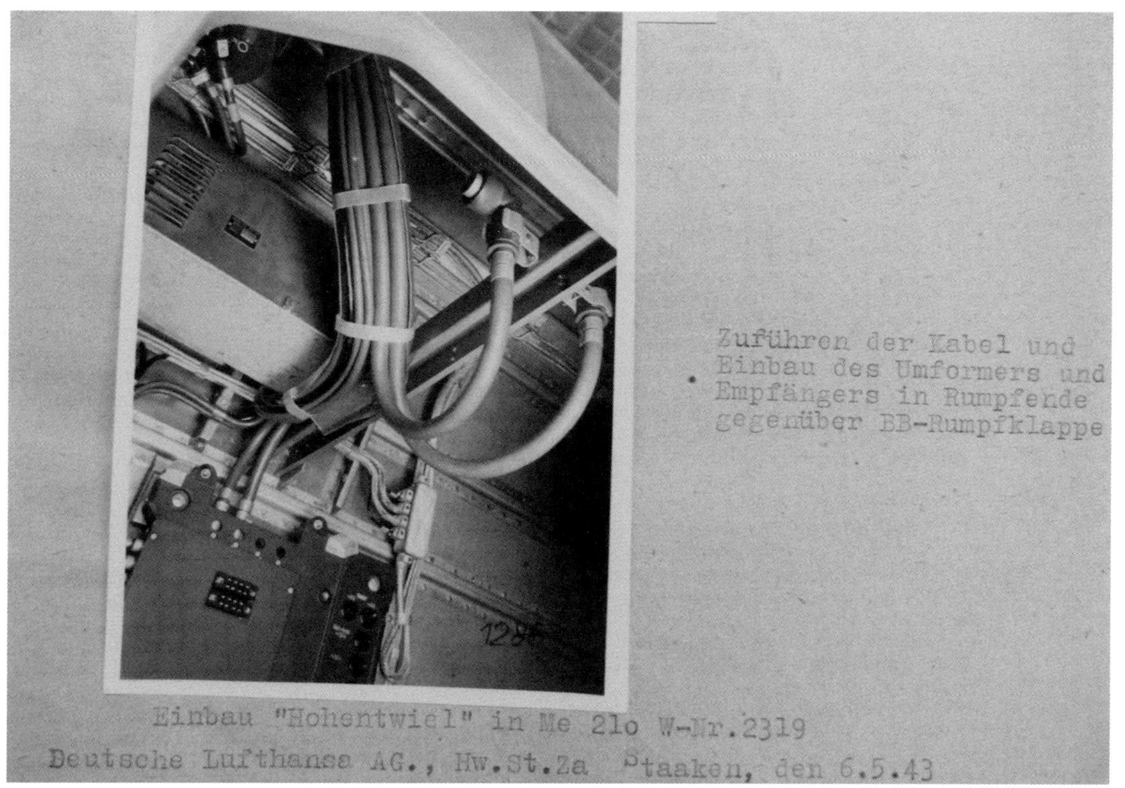

Die Me 210 mit der Werknummer 2319 wurde nach Berlin-Staaken überflogen, um mit dem Funkmessgerät (Radar) „Hohentwiel“ ausgerüstet zu werden. Dieses Gerät wurde speziell zur Ortung von Schiffen eingesetzt und kam unter anderem bei den Fernaufklärungsverbänden zum Einsatz. In dieser Aufnahme und den folgenden ist deutlich erkennbar, wie hoch der Qualitätsstandard bei der Kabelmontage im Flugzeugbau während des Krieges war.

Foto Airbus Corporate Heritage

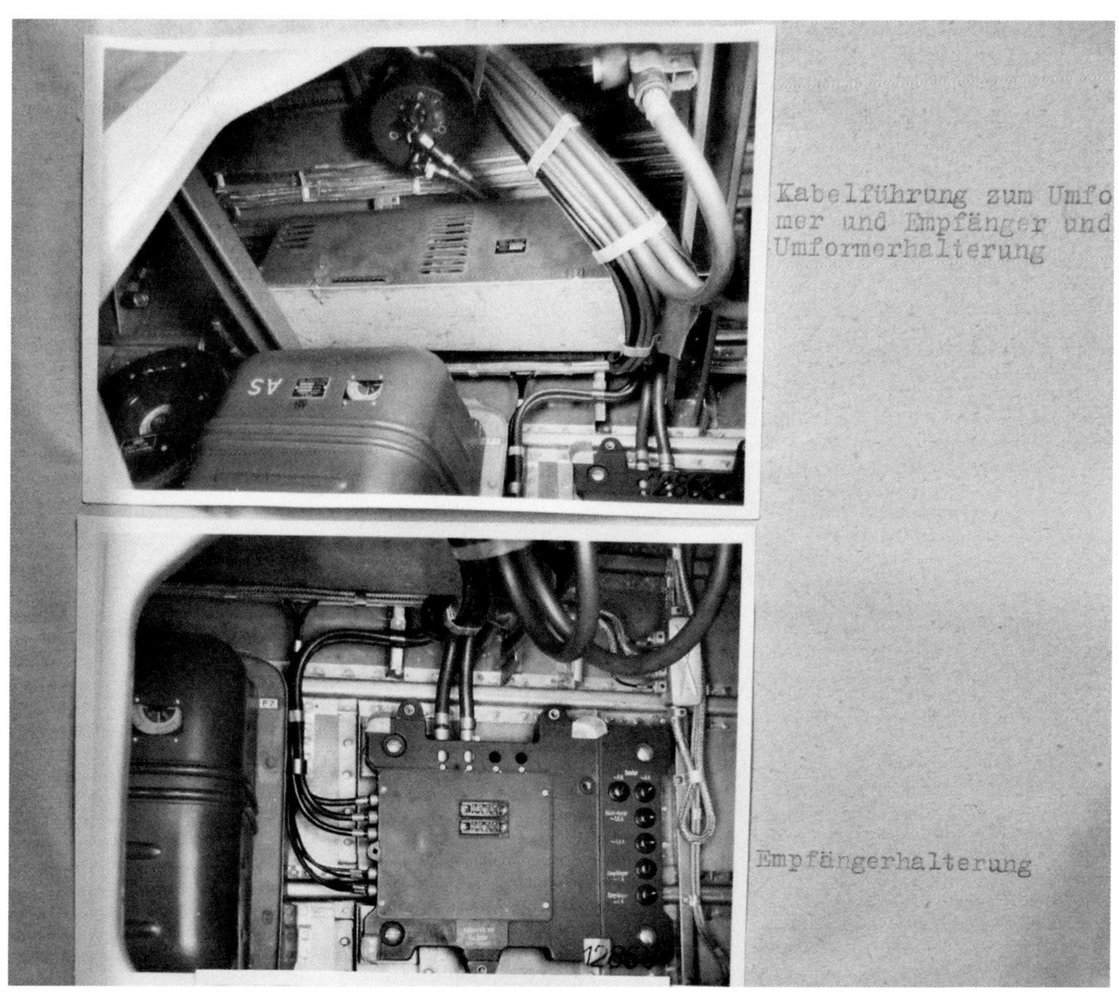

Foto Airbus Corporate Heritage

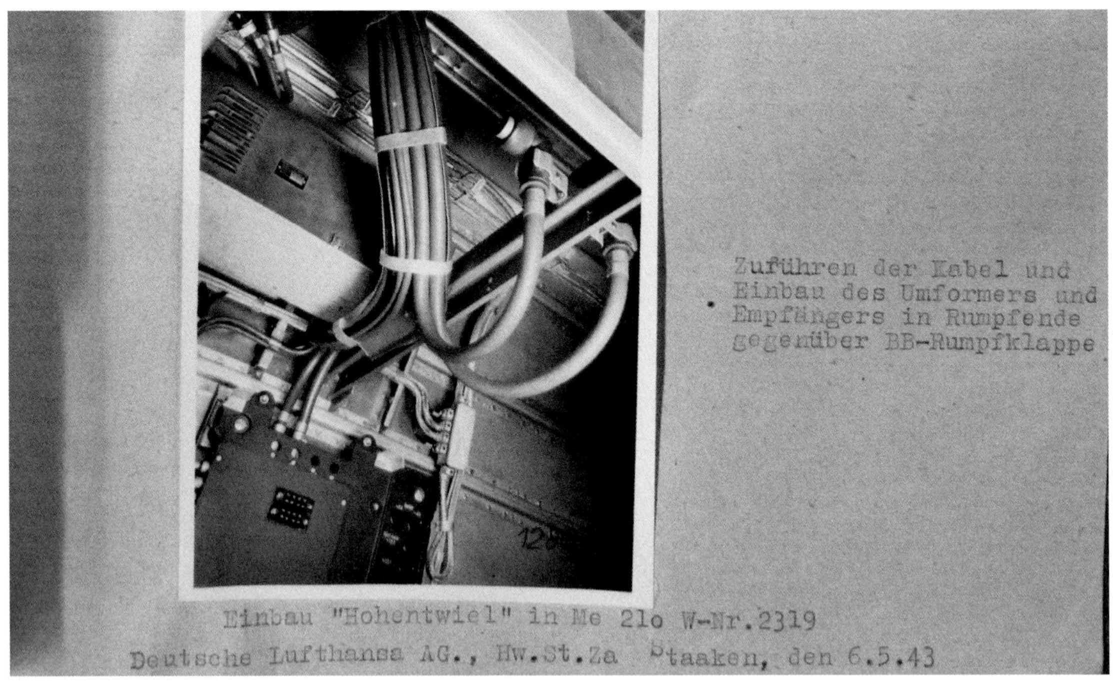

Zuführen der Kabel und Einbau des Umformers und Empfängers in Rumpfende gegenüber BB-Rumpfklappe

Einbau "Hohentwiel" in Me 21o W-Nr.2319
Deutsche Lufthansa AG., Hw.St.Za Staaken, den 6.5.43

Foto Airbus Corporate Heritage

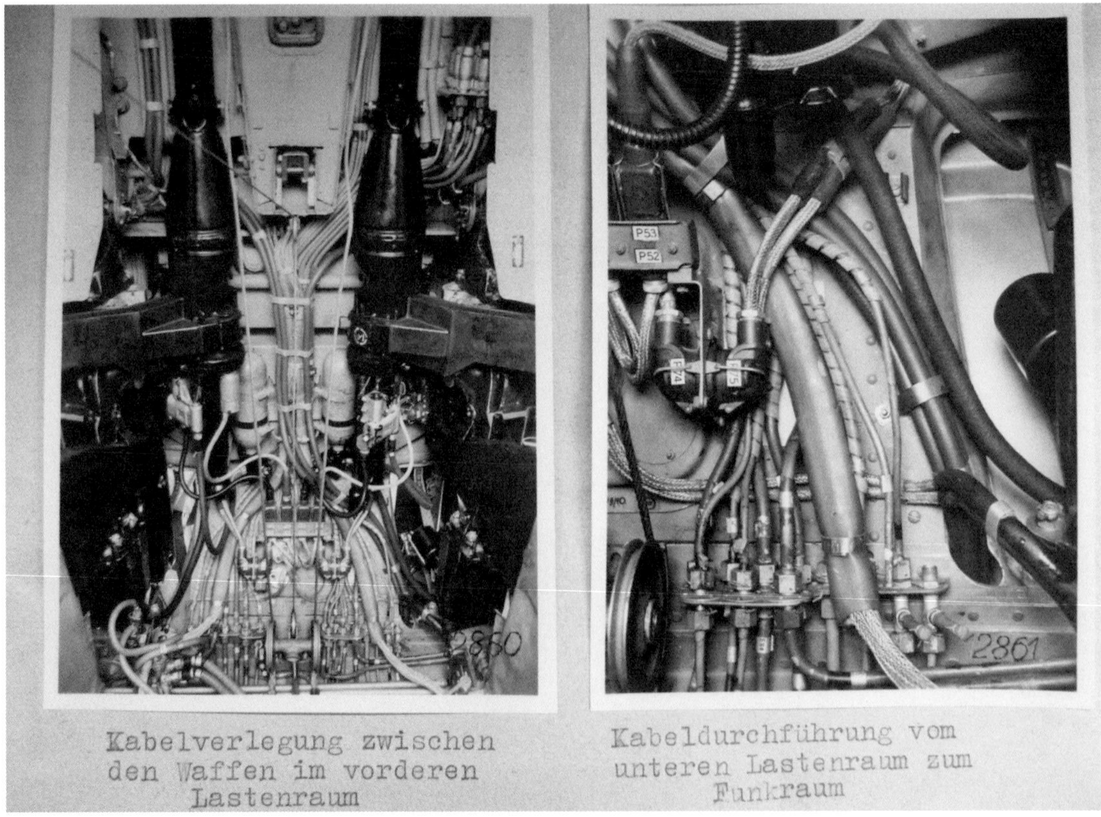

Kabelverlegung zwischen den Waffen im vorderen Lastenraum

Kabeldurchführung vom unteren Lastenraum zum Funkraum

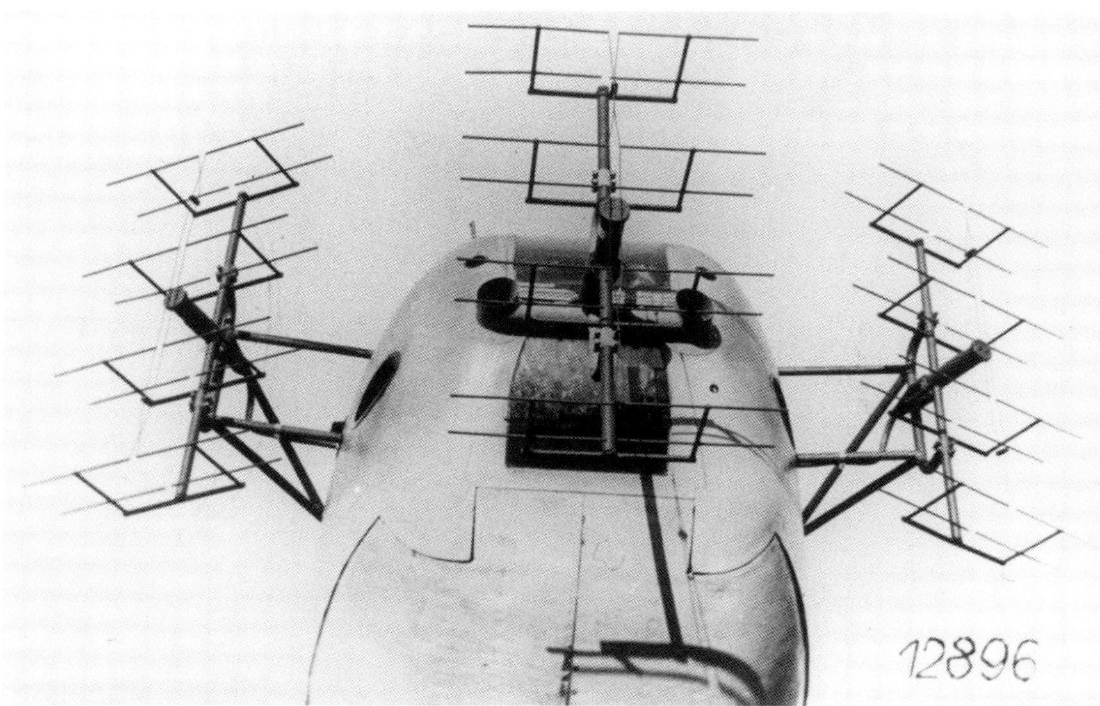

Diese Aufnahmen zeigen den Antennenwald am Bug der Me 210. Die Aufnahmen entstanden am 6. Mai 1943. Laut Dokument lag der durch die Antennen verursachte Geschwindigkeitsverlust bei bis zu 25 km/h.

Foto Airbus Corporate Heritage

Foto Airbus Corporate Heritage

Lieferung von Me 210 an Japan

Me 210 mit der Werknummer 2350, in Japan im kaiserlichen Luftwaffenarsenal in Tachikawa aufgenommen. Diese Me 210 war ein Versuchsmuster und bereits mit Triebwerken vom Typ DB 605 A ausgerüstet.
Foto Willi Radinger

An Japan wurden folgende Me 210 A-1 mit den Werknummern 0243, 0248, 0254, 2331 und 2350 verkauft. Anmerkung: In einem Dokument vom 24. April 1944 wird von der Wirtschaftsgruppe der Luftfahrt-Industrie Abteilung Ausland angefragt, wann die an Japan gelieferten zwei Me 210 und eine Bf 109 zum Versand gelangt sind.

Die infrage kommenden Me 210 mit den Werknummern 2331 und 2350 stammten aus der Regensburger Produktion und waren Erprobungsträger für die Neubauflugzeuge. Die Werknummer 2350 war auf DB 605 umgerüstet worden. Inwieweit der Transport der Me 210 mit einem U-Boot nach Japan erfolgte, muss bei der Größe des Flugzeuges bezweifelt werden. Der Transport erfolgte wohl eher mit einem der Blockadebrecher, die zwischen September und Anfang November 1942 von Bordeaux nach Japan unterwegs waren. Alle danach von Bordeaux ausgelaufenen deutschen Blockadebrecher wurden ohne Ausnahme versenkt. Auf jeden Fall ist zumindest eine Me 210 (Umbauflugzeug) im kaiserlichen Luftwaffenarsenal in Tachikawa wieder aufgebaut und einer eingehenden Testreihe unterzogen worden. Japan wurden nachweislich noch zwei Bf 109 Ga mit den Werknummern 16309 und 16310 zum Preis von je 278.600 Reichsmark angeboten. Zumindest eine der Bf 109 wurde offenbar auch geliefert. Bei den in Regensburg hergestellten Flugzeuge handelte es sich um Bf 109 G-4 mit den Werknummern 16309 und 16310.

Die Me 210 als Schulflugzeug

Aufgrund der Verluste bei der Umschulung wurde beschlossen, einige Me 210 Umbaumaschinen als Schulflugzeuge 1942/43 bei Blohm & Voss auszurüsten. Dazu wurden die Me 210 A-1 mit den Werknummern 0033, 0042, 2312, 2315, 2317, 2344 (V-21 GF+CX), 2349 (V-25 GE+KU mit DB 603) und die Me 210 Ca-1, Werknummer 0316009, abgegeben. Vorher waren auszubauen: Robot-Kleinbildkamera, die starre Bewaffnung, Abwurfwaffe, Zusatzabwurfanlage und ESK 2000-Einbau. Die Umrüstung der Maschinen erfolgte auf einen dritten Sitz und ein Doppelsteuer. Die Umrüstung der mit langem Rumpf versehenen Me 210-Umbauflugzeuge erfolgte bei Blohm & Voss in Finkenwerder und zum Teil auch in Holzendorf. Insgesamt belief sich die Anzahl der Schulflugzeuge, welche zur Umrüstung abgegeben wurden, auf 48 Me 210, davon vier Me 210 Ca.

Ein Flugzeugführer wird für den nächsten Flug ausgerüstet.
Foto Sammlung Peter Schmoll

Die Me 210 beim Erprobungskommando 210

Im November 1941 erhielt das Erprobungskommando Me 210 in Lechfeld und Landsberg die ersten 16 Me 210 A. Dieses Kommando wurde wenige Wochen später in I./ZG 1 umbenannt. Erfahrene Piloten hatten mit der Me 210 fliegerisch kaum Probleme, aber junge Flugzeugführer, frisch von den Flugschulen hatten mit der Maschine ihre liebe Not beim Start und vor allem bei der Landung. Innerhalb von zwei Wochen machten acht Flugzeuge eine Bruchlandung. Dabei starben drei Besatzungsmitglieder, und zwei Maschinen hatten nur noch Schrottwert. Am 14. November 1941 ging eine Me 210 wegen Motorbrand, nördlich Lechfeld, durch Absturz verloren. Der Flugzeugführer Kühnle konnte zwar mit dem Fallschirm abspringen, landete aber in einer Hochspannungsleitung und stürzte dann aus großer Höhe zu Boden. Kühnle wurde anschließend durch den Fallschirm bei starkem Wind über die Felder geschleift. Nach seiner Rettung verstarb er noch am selben Tag im Revier des Fliegerhorstes.

Am 10. Dezember 1941 stürzte die Me 210 A-1 mit der Werknummer 2266 und der Kennung S9+CK in Hörsching-Linz wegen Motorstörung ab. Dabei kamen der Flugzeugführer Karl-Heinz Wildier, der Bordfunker Unteroffizier Karl Schnaittinger und der Bordschütze Gefreiter Adam Bernhardt ums Leben.

Feldwebel Gerhard Saretzki und sein Bordfunker Unteroffizier Heinz Schulte von der I./ZG 1 kamen am 15. Januar 1942 beim Absturz der Me 210 A-1 mit der Werknummer 0141 und der Kennung S9+EH zwei Kilometer östlich von Mittelstetten im Landkreis Landsberg ums Leben.

Am 31. Januar 1942 standen fünf Me 210 in Augsburg zur Überführung auf den Fliegerhorst Landsberg bereit. Dort sollten die Maschinen durch ein Umrüstkommando mit einer zusätzlichen Panzerung ausgerüstet werden. Die Bezeichnung dieser gepanzerten Flugzeuge lautete dann Me 210 S. Für den Überführungsflug waren eingeteilt: Flugkapitän Kaden, der als Erster starten sollte, gefolgt von Fritz Voss und Hans Wagner, beide von Messerschmitt, dann sollten Oberfeldwebel Otto Rückert und der Unteroffizier Hans Tillheim folgen. Rückert und Tillheim waren Angehörige der I./ZG 1 und zur Umschulung auf die Me 210 abkommandiert worden. Rückert flog die Me 210 mit der Werknummer 0080 und Kennung NT+CX und Tillheim die Werknummer 0090 und mit der Kennung GT+VH. Als die Maschine von Kaden unklar gemeldet wurde, übernahm Fritz Voss als Erster den Start in Augsburg. Als die vier Me 210 in Landsberg ankamen, mussten sie feststellen, dass die Betonlandebahn nach tagelangem Schneefall nur mäßig geräumt war. Eigentlich war der tiefverschneite Platz nur für Notlandungen geeignet. Der Schnee türmte sich zu beiden Seiten der Landebahn zu einem ca. ein Meter hohen Schneewall. Die Schneewälle waren zur Kenntlichmachung auf beiden Seiten der Landebahn mit Asche geschwärzt worden, und die Mitte der Landebahn war ebenfalls mit einer Linie aus Asche kenntlich gemacht worden. Als sich Voss im Landeanflug befand, setzte sich Rückert vor seine Maschine. Rückert setzte seine Me 210 aber nicht in der Landebahnmitte, sondern am rechten Bahnrand auf, rollte diagonal auf den linken Schneewall zu und durchbrach diesen und überschlug sich. Die in die Kabine eingedrungenen Schneemaßen erdrückten Rückert. Aufgrund des Unfalls starteten Voss und Wagner durch, während Tillheim zur Landung ansetzte. Er brachte seine Me 210 am linken Landebahnrand runter und rollte diagonal nach rechts über die Landebahn, durchbrach den Schneewall und überschlug sich ebenfalls. Dabei wurde Tillheim durch Genickbruch tödlich verletzt. Jetzt lagen zwei Brüche auf dem Platz, zwei Tote und zwei schwer beschädigte Me 210 A-1 entlang der Landebahn. Voss und Wagner verzichteten angesichts des Desasters auf eine Landung in Landsberg. Betroffen und unverrichteter Dinge flogen sie nach Augsburg zurück. Ein unsinniger Flugauftrag bei winterlichen Verhältnissen hatte zum Verlust von zwei Flugzeugführern und

zwei Flugzeugen geführt. Bei der Untersuchung des Unfalls stellte sich heraus, dass sowohl Rückert als auch Tillheim an Schneeblindheit litten. Dies wurde aber von beiden Flugzeugführern bei der Flugeinteilung für den verhängnisvollen Tag verschwiegen.
Aufgrund der winterlichen Verhältnisse in Landsberg wurde die Verlegung der I./ZG 1 geplant. Anfang März 1942 wurde die I./ZG 1 nach Tours zur weiteren Ausbildung verlegt. Dort blieb die I./ZG 1 von weiteren Verlusten aber nicht verschont.
Am 3. März 1942, wurde die Werknummer 0134 SJ+GX bei einer Bruchlandung zu 15 Prozent beschädigt, ebenso die Werknummer 0150 mit der Kennung VC+SN. Am gleichen Tag erwischte es die Werknummer 2271 VO+GU – diese wurde ebenfalls bei einer Bruchlandung zu 15 Prozent beschädigt. Der Tag war noch nicht zu Ende, da ging die Werknummer 2269 VO+GS ebenfalls bei der Landung zu Bruch. Es kam aber an diesem Tag noch schlimmer, denn die Werknummer 2273, mit der Kennung S9+JH, fiel sieben Kilometer westlich von Tours mit einem brennenden Triebwerk vom Himmel. Dabei starben der Flugzeugführer, Feldwebel Otto Steinkraus, und sein Bordfunker, der Gefreite Josef Lugauer. Beide ruhen auf dem Soldatenfriedhof in Mont-de-Huisnes in der Gruft 20 in den Grabkammern 103 und 104. Dieser Friedhof liegt in der Normandie in Sichtweite zum weltberühmten Mont Saint Michel.
Am 9. März 1942 kam es zu einer weiteren Unfallserie: Die Me 210 A-1, Werknummer 2235, wurde bei einer Bruchlandung zu 20 Prozent beschädigt. Die Werknummer 2261 mit Leutnant Gerhard Schwab am Steuer musste aufgrund einer Motorstörung eine Notlandung durchführen. Dabei wurde das Flugzeug zu 65 Prozent zerstört. Die Werknummer 2285 wurde bei einer Bruchlandung zu 15 Prozent beschädigt. Zu allem Überfluss wurde auch noch die Werknummer 2262 durch einen Rollschaden zu 15 Prozent beschädigt. Der 9. März 1942 war noch nicht zu Ende, als der Flugzeugführer, Feldwebel Hans Helduser, mit seinem Bordfunker, Unteroffizier Hans Biersack, drei Kilometer westlich Tours beim Absturz mit der Werknummer 2265 ums Leben kam. Absturzursache war in diesem Fall wieder ein brennendes Triebwerk. Die Besatzung Helduser–Biersack fand ebenfalls auf dem Soldatenfriedhof in Mont-de-Huisnes in der Gruft 20 in den Grabkammern 105 und 106 ihre letzte Ruhestätte.
Innerhalb einer Woche kam es bei der I./ZG 1 zu einem Rollschaden, acht beschädigten Flugzeugen bei der Landung und zwei Abstürzen, davon war dreimal die Ursache ein brennendes Triebwerk. Diese Schadensmeldungen erreichten auch den Generalstab der Luftwaffe (GL) in Berlin. Jetzt läuteten im RLM die Alarmglocken, denn so konnte es auf keinen Fall weitergehen. Milch verständigte sofort Göring über die Unfallserie. Göring veranlasste am 7. März 1942 auf einer Besprechung mit dem GL die sofortige Einstellung der Produktion mit der Me 210.
Das Erprobungskommando 210 rekrutierte sich aus der I. Gruppe des Zerstörergeschwaders 1 (I./ZG 1).
In seinem Buch „Meine Flugberichte 1935-1945“ schildert Johannes Kaufmann vom ZG 1 seine Erfahrungen mit der Me 210: *„Die Me 210 beeindruckte uns mächtig. Die Einweisung konnte leider nur sehr oberflächlich durchgeführt werden, weil es an geeignetem Personal fehlte. Man musste sich langsam herantasten, um die Neuerungen gegenüber der Me 110 zu erfassen und zu erlernen, damit richtig umzugehen. Im Gegensatz zur Bf 110 war die Me 210 schneller, die Bomben konnten innerhalb des Rumpfes aufgehängt werden, die Steigleistung war viel besser, die Sturzflugeigenschaften waren den Erfordernissen angepasst, die Bordwaffen waren wirkungsvoller, und die Funk- und Navigationsausrüstung war verbessert worden. Insgesamt war die Me 210 ein schnittiger Vogel, in den wir alle Hoffnungen setzten und deshalb mit Freude dem ersten Start entgegensahen. Am 14. November 1941 war es dann soweit. Der erste Start, mit äußerster Vorsicht wegen der angekündigten Gefahr des Ausbrechens, erfolgte ohne Besonderheiten. Die Warnung vor dem Ausbrechen war angebracht, denn es bedurfte schon einiger Korrekturen mit dem Seitenruder und den Motoren, um geradeaus zu bleiben. Der zweite Start ging schon besser, und ich blieb 26 Minuten in der Luft, um das neue Muster zu erfliegen. Die hierbei festgestellten Flugeigenschaften waren gut und besser als die der 110. Eine hohe Wendigkeit und rasche Beschleunigung traten dabei besonders hervor. Anflug und Landung bereiteten keine Schwierigkeiten. Sie unterschieden sich natürlich auch in diesem Bereich*

von der Me 110, was aber in keiner Weise einen Nachteil darstellte. Wir übten Bombenwurf, Luftschießen, Sturzflug und Verbandsflüge und wurden schnell mit den Besonderheiten vertraut, was zu optimistischen Erwartungen führte. Die ersten Schwierigkeiten traten bei unseren Nachwuchsbesatzungen auf. Wir verlegten deshalb von Landsberg nach Lechfeld, um mehr Start- und Landestrecke zur Verfügung zu haben. Leider durchkreuzte der schneereiche Winter unsere Pläne. Wir konnten deshalb nur vom 13. Januar bis zum 2. März 1942 in Lechfeld fliegen und verlegten am Nachmittag des 2. März nach Tours. Das Flugprogramm umfasste 91 Flüge mit rund 27 Flugstunden auf der Me 210, hinzu kamen noch vier Stunden für die Überführungsflüge von Lechfeld nach Tours und von Regensburg-Obertraubling nach Tours. Es entfielen auf das Gesamtprogramm der Umschulung 82 Platzflüge, drei Schießflüge, drei Bombenabwurfflüge, ein Sturzflug und die zwei Überführungsflüge. Im Landeanflug auf Tours, von Regensburg kommend, bot sich mir ein höchst ungewöhnliches Bild. Es lagen einige Flugzeugbrüche auf dem Platz, die offensichtlich neu und der Me 210 zuzuordnen waren. Genaueres konnte ich im ersten Augenblick noch nicht sehen, bekam aber nach der Landung zu hören, was sich ereignet hatte. Diese Bruchlandungen gingen ausnahmslos auf das Konto junger, noch unerfahrener Flugzeugführer, sodass man sich auf eine neue Entscheidung gefasst machen musste. Diese kam auch relativ schnell. Die Me 210 wurde zurückgezogen, und wir mussten wieder auf die Bf 110 zurückrüsten und damit in die Sommeroffensive 1942 in Russland gehen. Eine tiefe Enttäuschung ergriff Platz.“

Anmerkung des Verfassers: Der Bericht von Johannes Kaufmann zeigt wieder einmal das Dilemma der Luftwaffe auf. Zur Einweisung der Flugzeugführer stand nicht genügend qualifiziertes Personal aus der Industrie oder von der Luftwaffe zur Verfügung. Die Piloten mussten sich selbst mit den Eigenheiten dieses Musters vertraut machen. Schulmaschinen standen nicht zur Verfügung. Erfahrenen Piloten bereitete dies weniger Probleme, aber die jungen, unerfahrenen hatten dabei ihre Schwierigkeiten. Das Oberkommando der Luftwaffe verlegte die Umrüstung und Umschulung im Winter nach Oberbayern, was witterungsbedingt Probleme bereiten musste. Zu spät verlegte man zur Ausbildung nach Tours in Frankreich. Es fehlte an der notwendigen Koordination zwischen RLM, den Messerschmitt-Werken und der Truppe. Ein Einsatzverband der Luftwaffe verlegt in Kriegszeiten zur Umrüstung in die Heimat, und die entsprechenden Vorbereitungen sind nur teilweise getroffen – heute würde man das als wenig professionell bezeichnen. Damals wurde dieses „Missmanagement“ mit Verlusten an Besatzungen, zerstörten oder beschädigten Flugzeugen und letztlich mit dem Blut deutscher Soldaten an allen Fronten bezahlt! Die Luftüberlegenheit drohte bereits Ende 1942 zunehmend verloren zu gehen.

Der General der Jagdflieger, Adolf Galland, forderte für die im Mittelmeerraum eingesetzten Me 210 vehement eine stärkere Bewaffnung. Die MG 17 sollten durch MG 131 ersetzt werden, und im Bombenraum sollten zwei zusätzliche MG 151/20 per Rüstsatz eingebaut werden können. Dies wurde später bei der Me 410, dem Nachfolgemuster der Me 210, durchgeführt.

Erprobungsstaffel mit Umbauflugzeugen Me 210 im Fronteinsatz

Im Mai 1942 wurde beschlossen eine Erprobungsstaffel für Luftangriffe und Aufklärung so schnell wie möglich aufzustellen. Einsatzgebiete waren die Schifffahrt an der Ost- und Südküste von Großbritannien. Bombenangriffe auf Häfen und die küstennahe Schifffahrt waren als Angriffsziele vorgesehen. Auch der Einsatz der Me 210 zum Begleitschutz von Schiffskonvois in Norwegen wurde diskutiert. Ferner forderte Generaloberst Hans Jeschonnek den Einsatz der Me 210 an der Ostfront als schwerer Jäger bei der I./ZG 1. Bei einer Besprechung am 25. Mai legten Generalluftzeugmeister Erhardt Milch und der Generalstabchef der Luftwaffe (GL), Generaloberst Hans Jeschonnek, schließlich fest, dass die Angriffe auf Großbritannien durch die Erprobungsstaffel Me 210 mit 2 x 250 kg oder 2 x 500 kg Bombenlast zu erfolgen haben. Von der Mitnahme von Bomben mit 50 kg wurde Abstand genommen, da deren Wirkung als nicht ausreichend betrachtet wurde, um eine nachhaltige Zerstörung der Ziele zu erreichen. Ferner war bei der Mitnahme von Bomben unter den Flächen von einer nicht unwesentlichen Geschwindigkeitsreduzierung auszugehen. Am 4. Juni 1942 fiel die Me 210 A-1 mit der Werknummer 0260 in Tarnewitz (Erprobungsstelle für Bewaffnung) vom Himmel. Der Flugzeugführer Unteroffizier Fritz Günther und der Flugoberingenieur Nowak kamen dabei ums Leben. Die Absturzursache konnte nicht einwandfrei ermittelt werden.

Anfang Juli 1942 erfolgte die Aufstellung der Erprobungsstaffel Me 210 auf dem Lechfeld. Diese Maschinen hatten alle Modifikationen, wie Rumpfverlängerung und Vorflügel, erhalten. Noch im Juli erfolgte deren Verlegung nach Evreux in Frankreich. Unter Staffelkapitän Oberleutnant Walter Maurer wurden sofort entsprechende Einsätze gegen Englands Süd- und Ostküste geplant – darunter einige Nachteinsätze, Angriffe auf Schiffsbewegungen und Aufklärungsflüge über England. Die Staffel erlitt dabei in unregelmäßigen Abständen Verluste an Besatzungen und Maschinen. Die Me 210 A-1, Werknummer 0063, musste wegen Motorstörung eine Notlandung bei Goriches durchführen. Dabei wurde der Flugzeugführer, Unteroffizier Hermann Bolten, verletzt. Die Werknummer 0063 wurde dabei zu 90 Prozent zerstört. Am 10. August 1942 ging die Me 210 A-1, Werknummer 2322 mit der Kennung GF+CB, an der Ostküste Englands verloren. Die Besatzung mit dem Flugzeugführer Oberleutnant Ernst Haberland und dem Bordfunker Unteroffizier Danigel gelten seitdem als vermisst. Die Besatzung ist beim Volksbund nicht geführt.

Am 1. September 1942 verlegte die Staffel nach Soesterberg (Holland) und wurde in 16./Kampfgeschwader 6 umbenannt. Am 5. September wurde die Me 210 A-1, Werknummer 2348 und der Kennung 2H+LA, von der Erprobungsstaffel 210 im Luftkampf mit Spitfire ca. 50 Kilometer östlich von Southend abgeschossen. Die Besatzung mit Feldwebel Max Bütler und Bordfunker Meinrad Graf wird seitdem vermisst. Am 6. September 1942 starteten zwei Me 210 A-1 mit den Werknummern 2321, Kennung 2H+AH, und 2348, Kennung 2H+CA, zu einem Einsatz nach England – Oberleutnant Walter Maurer und Feldwebel Rudolf Jansen in der 2H+AH und Feldwebel Heinrich Mösges und der Obergefreite Eduard Czerny in der 2H+CA. Im Steigflug erreichten sie in einer Höhe von ca. 9.000 Metern die englische Küste. Zur selben Zeit waren in der gleichen Gegend zwei Typhoons IB der RAF Squadron Number 1 unterwegs, die um 11.16 Uhr in Acklington gestartet waren. Sie befanden sich auf einem Patrouillenflug in 7.000 Metern Höhe bei den Farne Islands und flogen dann südlich in Richtung Blyth. Die Typhoons wurden von den Piloten Officers Perrin und Bridges geflogen. Um 11.43 Uhr erhielten sie von der Leitstelle die Anweisung, auf 9.000 Metern zu steigen, um die erkannten Feindflugzeuge abzufangen. Kaum waren sie in dieser Höhe angelangt, erkannten sie über See in gleicher Höhe die beiden Flugzeuge in einigen Kilometern Entfernung, die in nordwestliche Richtung in aufgelockerter Formation flogen. Die beiden Typhoons nahmen sofort die Verfolgung auf. Die beiden Me 210 flogen anschließend in westlicher Richtung unter Aufgabe von Höhe und warfen ihre Bomben ab, bevor sie mit erhöhter Geschwindigkeit in Richtung Ost abflogen. Perrin nahm die Me 210 von Feldwebel Mösges unter Beschuss. Aus ca. 100 Meter feuerte er eine Salve seiner 20 mm Kanonen von hinten rechts auf die Me 210. Teile der rechten Motorverkleidung und des Motors flogen davon. Ein zweiter Angriff auf die linke Seite brachte den gleichen Erfolg. Teile der Me 210 flogen weg, und ein Ruder geriet in Brand, bevor es abbrach. Die Me 210 drehte sich auf den Rücken und ging im Sturzflug nach unten. Perrin ging ebenfalls in den Sturzflug und erreichte dabei eine Geschwindigkeit von 830 km/h. Beim Abfangen hatte er einen Blackout und kam erst wieder in einer Höhe von ca. 1.000 Metern über Hartlepool durch ein trommelndes Geräusch zu Bewusstsein. Die Ausstiegstür an der linken Kabinenseite hatte sich geöffnet und wurde durch den Fahrtwind ständig an die Rumpfseite geschlagen. Anschließend suchte er die See nach der deutschen Maschine ab, brach die Aktion aber dann ab und flog nach Acklington zurück.

Währenddessen hatte Pilot Officer Bridges die Verfolgung der Me 210 von Oberleutnant Maurer aufgenommen. Der kurvte nach rechts und ging in einen leichten Steigflug über. Bridges konnte aufschließen und das Feuer von hinten links eröffnen, aber keine Wirkung beobachten. Die Me 210 kurvte nun im Sinkflug in südöstliche Richtung. Bridges näherte sich nun sehr schnell und gab zwei oder drei Feuerstöße aus einer Entfernung von ca. 100 Metern von hinten links ab. Er registrierte Treffer zwischen dem linken Triebwerk und entlang dem Rumpf bis zur Kabine. Vom Triebwerk flogen Teile der Verkleidung weg und ein Strom von weißem Rauch trat aus. Die Maschine drehte nun auf den Rücken und zog sehr stark nach unten weg. Bridges gab einen weiteren Feuerstoß ab. Von der getroffenen Maschine lösten sich weitere Teile ab, das linke Triebwerk geriet in Brand und die Maschine ging in den Sturzflug über. Vermutlich versuchte Maurer durch den Sturzflug das Feuer zu löschen und in eine rettende Wolkendecke zu kommen. Bridges verlor den Kontakt zur Me 210 und in 1500 Metern Höhe flog er östlich von Whitby für ca. fünf Minuten auf der Suche nach ihr über der Nordsee. Weiter entfernt beobachtete er einen Aufschlag in der See. Das war aber vermutlich der Einschlag der Me 210 von Oberfeldwebel Mösges. Anschließend landete Bridges wieder in Acklington. Beide Piloten, sowohl Bridges als auch Perrin, gaben an, dass sie von den Me 210 zu keiner Zeit ein Abwehrfeuer erhalten hatten. Oberleutnant Maurer und Feldwebel Jansen sprangen mit dem Fallschirm ab und gerieten in Kriegsgefangenschaft. Die Me 210, Werknummer 2348, schlug in der Nähe der Sunnyside Farm bei Fylingthorpe in Yorkshire auf. Mösges und Czerny sprangen ebenfalls ab, aber deren Fallschirme öffneten sich nicht. Beide wurden ebenfalls in Yorkshire, in Fell Briggs Farm, Nähe Marske-by-the-Sea, tot aufgefunden. Sie ruhen heute auf dem Soldatenfriedhof in Thornaby-on-Tees. Die abgeschossenen Me 210 stammten aus der Regensburger Produktion und waren bereits auf Rumpfverlängerung und Vorflügel umgerüstet worden.

Die Einsätze der 16./KG 6 fanden in unregelmäßigen Abständen statt. Am 20. September 1942 geht aus einer Meldung der Luftflotte 3 hervor, dass die Erprobungsstaffel Me 210 noch über fünf Maschinen verfügt und davon sind drei als einsatzbereit gemeldet. Anfang Oktober 1942 wurde die Staffel in 11./ZG 1 umbenannt, um dann im Dezember 1942 als neue Erprobungsstaffel Me 410 eingesetzt zu werden. Vom 27. Juli 1943 ist eine Verlustmeldung erhalten geblieben. Feldwebel Herbert Walter kam bei einer Notlandung in Straßberg bei Geisenfeld ums Leben, als die Maschine auf einem Hügel zerschellte. Walter flog eine Me 210 A-1 mit der Werknummer 2544, die dabei zu 100 Prozent zerstört wurde. Als Halter ist in der Verlustmeldung jedoch die Erprobungsstaffel 410 angegeben.

Als die Luftwaffe ihre ersten Me 210 Ende 1941 übernahm, kam es zu zahlreichen Abstürzen, welche für die Besatzungen tödlich endeten. Im Bild ist zwischen zwei Me 210 der Sarg eines Besatzungsmitglieds aufgebahrt. Eine angetretene Ehrenformation erbringt den letzten Gruß für den toten Kameraden.
Foto Willi Radinger

Eine Me 210 A-1 (Umbauflugzeug) mit der Kennung 2H+IA der Erprobungsstaffel 210 im August 1942. Im September 1942 wurde diese Staffel in 16./KG 6 umbenannt.
Foto Peter Petrick

Flugaufnahme einer Me 210 von der 16./KG 6 mit der Kennung 2H+AA.
Foto Willi Radinger

Diese Me 210 von der 16./KG ist mit einer Leckage am rechten Triebwerk gelandet. Ausgetretenes Öl hat sich über Motorhaube und Tragfläche verbreitet.
Foto Peter Petrick

Ein britischer Soldat bewacht das Wrack der am 6. September 1942 abgeschossenen Me 210 A-1, Werknummer 2348 mit dem Kennzeichen 2H+CA, von der 16./KG 6. Die Absturzstelle befindet sich bei der Briggs-Farm in der Nähe von Marske-by-the-Sea. Der Abschuss erfolgte durch eine Typhoon von der 1. Squadron. Oberleutnant Maurer und Feldwebel Jansen konnten sich mit dem Fallschirm retten.
Foto Willi Radinger

Die Me 210 im Einsatz bei der III./ZG 1

Diese Einheit wurde neu aufgestellt und setzte sich aus Personal vom KG 40, der Seeaufklärungsgruppe 128 und zum Teil von der Erprobungsstaffel 210 zusammen. Der Stab wurde vom Schnellkampfgeschwader SKG 210 gestellt. Die genannten Einheiten verlegten ihr Personal auf den Fliegerhorst von Trapani. Flugzeuge wurden auf dem Flugplatz in Wiener-Neustadt übernommen.
Die III./ZG 1 hatte folgende Kommandeure:
Oberstleutnant Paul-Friedrich Darjes vom 6.10.1942 bis 1.3.1943,
Oberstleutnant Alfred Druschel vom 1.3.1943 bis 12.4.1943,
Oberstleutnant Joachim Blechschmidt vom 12.4.1943 bis 13.7.1943,
Oberstleutnant Lothar von Janson ab 13.7.1943.
Bei Trapani gab es zu dieser Zeit mit Milo und Chinisia zwei Flugplätze, welche von der III./ZG 1 als Basis für deren Einsätze genutzt wurden. Dort landeten die Einsatzflugzeuge vom Typ Me 210 A-1. Ende Oktober 1942 hatte die Einheit einen Bestand von 17 Me 210 A-1 aufzuweisen. Damit hatte die III./ZG 1 bei weitem nicht den erforderlichen Sollbestand von 40 Flugzeugen erreicht, als es in den Einsatz ging. Die Produktion von Umbauflugzeugen in Augsburg kam erst langsam in Gang. Von Trapani auf Sizilien starteten die Me 210 A-1 zu Begleiteinsätzen von Transportflugzeugen über das Mittelmeer und zu Luftangriffen nach Algerien, Libyen und Tunesien. Diese Einsätze dienten der Unterstützung der Deutschen Truppen in Tunesien. Auch auf dem Flugplatz von Kastelli auf Kreta waren vereinzelt Me 210 der III./ZG 1 stationiert. Die hier eingesetzten Maschinen flogen Angriffe auf die englischen Nachschubkolonnen oder griffen den Hafen von Tobruk an. Das Deutsche Afrika Korps (DAK) befand sich im November 1942 in einer verzweifelten Lage: Im Osten war die englische Armee bei El Alamein in die Offensive übergegangen und drängte das DAK nach Westen zurück. Am 2. November 1942 ging Tobruk verloren.

Betankung einer Me 210 mit einem Opel-Blitz-Tankwagen-Sonder-Kraftfahrzeug 385. Eine Me 210 A-1 konnte rund 2.400 Liter Benzin aufnehmen. Die 3.000 Liter aus dem Tankwagen reichten gerade so aus, um eine Me 210 vollzutanken.
Foto Willi Radinger

Im Rücken des DAK waren die Alliierten am 8. November 1942 in Algerien mit massiven Kräften gelandet und befanden sich auf dem Vormarsch in Richtung Tunesien. Der Vormarsch der Alliierten ging jedoch sehr langsam vor sich. Dies verschaffte deutschen Fallschirmjägereinheiten die Gelegenheit, in Tunesien zu landen. Sie besetzten Flugplätze und andere wichtige strategische Plätze. Dadurch konnte ein Landekopf gebildet und weitere Verstärkungen auf dem Luft- und Seeweg herangeführt werden. Bis zum 10. November 1942 war es der Wehrmacht gelungen, einen Landekopf

im Bereich Bizerta, Tunis und Kap Bon zu bilden. Das DAK zog sich über mehr als 1.000 Kilometer durch Libyen nach Westen zurück.
Am 5. November 1942 führte Hauptmann Harald Zimmermann von der 9./ZG 1 mit der Me 210 Werknummer 0177, wegen Motorstörung eine Notlandung durch. Dabei wurden er und sein Bordfunker verletzt.
Am Donnerstag, den 12. November 1942, starteten Me 210 der 8./ZG 1 zu Angriffen auf Landungsschiffe bei Djidjelli in Algerien. Me 210 der 11./ZG 1 griffen zeitgleich Ziele bei Bougie an der algerischen Küste an. Der Einsatz forderte keine Verluste, und alle Flugzeuge kehrten nach Trapani zurück.
Am Freitag, den 13. November, wurden diese Angriffe wiederholt, aber dabei gingen drei Me 210 verloren. Die Besatzung von Unteroffizier Hans Krüger von der 11./ZG 1 wurde ca. 30 Kilometer ostwärts Algier vermisst. Krüger flog die Me 210 mit der Werknummer 0073 und der Kennung 3E+NQ. Die Maschine von Oberleutnant Philipp Bender von der 8./ZG 1 kehrte ebenfalls nicht zurück und wurde von Spitfires über Bougie abgeschossen. Bender und sein Bordfunker Engelbert Schick gerieten in Kriegsgefangenschaft. Die Me 210, Werknummer 2293, hatte die Kennung 2N+CR. Die dritte Me 210 mit der Werknummer 0163 wurde bei einer Notlandung in Tunesien total zerstört. Die Einsatzbereitschaft der III./ZG 1 hatte unter einer Vielzahl von Motorproblemen an der Me 210 zu leiden. Die Einsatzbereitschaft wurde dadurch stark eingeschränkt. Bei Starts und

Mission 23
28 May 1943
Milo Airdrome, Sicily

Die III./ZG 1 war ab November 1943 auf den beiden Flugplätzen von Trapani Milo und Chinisia stationiert. Von hier aus starteten die Me 210 zu Einsatzflügen nach Algerien und Tunesien. Sie flogen auch Begleitschutz für Transportflugzeuge vom Typ Junkers Ju 52 und Me 323 „Gigant“. Im Bild ist der Flugplatz Trapani-Milo. Die Startbahn, Rollwege und Abstellplätze sind deutlich zu erkennen.
Foto USAAF

Landungen wurde jede Menge Staub und Sand aufgewirbelt, was die gesamte Flugzeugtechnik stark beanspruchte, zumal die Flugzeuge keine Ausrüstung für die Tropen hatten. Unter den Besatzungen gab es Ausfälle durch Tod, Verwundung und Krankheit.

Am 18. November 1942 wurde Oberleutnant Heinz Redlich und sein Bordfunker Feldwebel Heinz mit der Me 210 A-1, Werknummer 0036, Kennzeichen 2N+GS, von der Schiffsflak über Tobruk abgeschossen. Nordöstlich von Apollonia meldete die 8./ZG 1 die Me 210 mit dem Kennzeichen 2N+DT nach Luftkampf mit Spitfire als beschädigt.

Am 19. November 1942 wurden laut der Tagesmeldung vom Fliegerführer Tunis drei Me 210 eingesetzt. Weitere Einzelheiten dazu sind nicht bekannt.

Am Nachmittag des 24. November 1942 flogen Me 210 der III./ZG 1 Tiefangriffe auf Nachschubkolonnen der US-Armee. Hierbei wurden mehr als 20 LKW einer Treibstoffkolonne zerstört. Von US-Kriegsberichtern sind diese Tiefangriffe der Me 210 in Farbe aufgenommen worden.

Am 25. November 1942 verlor die 7. Staffel eine Me 210 und zwei weitere führten nach Luftkampf Notlandungen in der Nähe von Tunis durch. Dabei wurden die Maschinen schwer beschädigt. Die Me 210 A-1, Werknummer 0051, der 9./ZG 1 machte eine Bruchlandung auf dem Flugplatz von Tunis und wurde zu 80 Prozent beschädigt. Eine vierte Me 210 A-1, Werknummer 0073, Kennung 2N+DR, ging westlich Medjez el Bab durch Flakfeuer verloren.

Diese Aufnahme zeigt den Flugplatz von Trapani-Chinisia im Mai 1943 vor dem ersten Luftangriff. Das Foto zeigt die Startbahn und die ausgedehnten Rollwege und Abstellplätze des gesamten Flugplatzareals.

Foto USAAF

Im Bild ist deutlich die Rauchsäule des Zielanzeigers zu sehen. Der Führungsbomber warf eine Rauchbombe ab, um den nachfolgenden Flugzeugen das Ziel anzuzeigen und zu markieren. In der Regel wurden Rauchbomben abgeworfen, die eine dunkelblaue Rauchsäule hinterließen.
Foto USAAF

Der Flugplatz von Chinisia, aufgenommen während eines Luftangriffs. Deutlich sind die Bombeneinschläge erkennbar.
Foto USAAF

Me 210 der III./ZG 1 werden aus Tankfahrzeugen Sd. Kfz. 385 für den Einsatz betankt.
Foto Willi Radinger

Die Besatzung, Leutnant Walter Hanke und sein Bordfunker Heinrich Auer, kamen beim Absturz ums Leben.
Am 26. November 1942 wurde in der gleichen Gegend der Staffelkapitän der 7./ZG 1, Hauptmann Kurt Loos, mit seiner Me 210 A-1, Werknummer 0155, Kennung 2N+BR, von einer Spitfire überrascht und tödlich abgeschossen. Der Bordfunker, Oberfeldwebel Heinz Schrodt, konnte sich mit dem Fallschirm retten und geriet in Kriegsgefangenschaft.
Als am 28. November 1942 insgesamt 37 B-17 der 97. und 301. BG einen Angriff auf den Flugplatz von Sidi Ahmed unternahmen, startete neben Bf 109 des JG 53 und FW 190 der III./ZG 2 auch eine Me 210 A-1 der 11./ZG 1 zum Abwehreinsatz. Flugzeugführer der Me 210 mit der Kennung 2N+RV war der Fliegerstabsingenieur Heinz Pfister, und als Bordfunker war der Obergefreite Günther Weber an Bord. Die Me 210 hob um 10.40 Uhr vom Flugplatz ab und griff den B-17-Verband an. Aufgrund der massiven Abwehr der Bomber wurde die Me 210 derart schwer beschädigt, dass Pfister die Maschine zwei Kilometer von Bizerta entfernt auf dem Bauch notlanden musste. Er und sein Bordfunker überstanden die ganze Aktion unverletzt. Pfister meldete eine B-17 als schwer beschädigt.
Am nächsten Tag, den 29. November 1942, verlor die 11./ZG 1 ihren Staffelkapitän Hauptmann Friedrich Plank. Er wurde ca. 20 Kilometer südlich von Tunis, bei Medjez el Bab, mit seiner 2N+BR durch eine P-38-„Lightning“ tödlich abgeschossen. Der Bordfunker konnte abspringen und geriet in Kriegsgefangenschaft.
Trotz der schweren Verluste verfügte die III./ZG 1 Ende November ´42 in Trapani immerhin noch über 21 Me 210 A-1. Anfang November hatte die Gruppe einen Bestand von 17 Me 210 A-1. Im November gingen im Einsatz sieben und ohne Feindeinwirkung vier Flugzeuge verloren. Im gleichen Zeitraum erhielt die Gruppe an Nachschub 15 Flugzeuge, davon acht neue Me 210 A-1 aus der Messerschmitt-Produktion und sieben von anderen Luftwaffeneinheiten. Dies spricht auf Seiten der Luftwaffe für eine immer noch funktionierende Wartungs-, Instandsetzungs- und Nachschuborganisation im Mittelmeerraum. Im Messerschmitt-Werk in Augsburg lief die Produktion der Umbauflugzeuge auf Hochtouren, und die größere Anzahl dieser Me 210 ging an die III./ZG 1, um die immensen Verluste auszugleichen.
Der Wehrmacht war es in den letzten Wochen gelungen, mit 15.000 Soldaten und rund 100 Panzern in Tunesien den Vormarsch der Alliierten zum Stillstand zu bringen. Maßgeblich trug auch das schlechte Wetter dazu bei. Die RAF und USAAF konnten die alliierten Bodentruppen kaum unterstützen.
Am 1. Dezember 1942 begannen die deutschen Truppen mit einer Gegenoffensive in Tunesien. Die 10. Panzerdivision stieß in drei Angriffssäulen gegen die alliierten Truppen im Westen von Tunesien bei Tebourba vor. An den Einsätzen

Das Bombenlager des Flugplatzes von Chinisia. Im Vordergrund befinden sich zwei schwere 250 kg Bomben auf Holzschlitten, die mit Sträuchern getarnt sind. Im Hintergrund lagern weitere Bomben in Holzkisten gestapelt.
Foto Willi Radinger

zur Unterstützung der Bodentruppen nahmen neben Ju 87, Hs 129, FW 190-Jagdbombern auch die Me 210 der III./ZG 1 teil. Während am Morgen des 1. Dezember sechs Einsätze geflogen wurden, waren es am 3. Dezember insgesamt 14 Einsätze ohne Verluste zur Unterstützung der Bodentruppen im Raum Tebourba.
Neben den Einsätzen als Jagdbomber flogen die Me 210 auch Begleitschutz für Transportflugzeuge von Sizilien nach Tunesien. Am 2. Dezember 1942 wurde die Me 210, Werknummer 0057, mit der Kennung 2N+DT, von Unteroffizier Gustav Naumann im Luftkampf mit einer P-38 bei Tebourba beschädigt.
Am 3. Dezember 1942 führte die Me 210 A-1, Kennzeichen 2N+IT, eine Notlandung wegen Beschussschaden durch.
Am 4. Dezember 1942 flogen Me 210 der III./ZG 1 einen Aufklärungseinsatz im Raum Faid. Dabei stießen sie auf P-38. Im folgenden Luftkampf wurde die Me 210 mit der Kennung 2N+QV von Flieger-stabsingenieur Pfister mit seinem Bordfunker, Obergefreiter Günther Weber, von der 11./ZG 1 abgeschossen. Beide gelten seit diesem Tag als vermisst. Eine Grablage ist nicht bekannt. Zu diesem Zeitpunkt waren Me 210 von der III./ZG 1 auch auf dem Flugplatz von Kastelli auf Kreta stationiert. Leutnant Alwin Meyer von der 9./ZG 1 kehrte nach einem Einsatz verwundet zurück. Als Bordfunker war Unteroffizier Karl Morgenröther an Bord. Wegen Hydraulikproblemen führte Meyer in Kastelli eine Bauchlandung mit seiner Me 210, Werknummer 0071, Kennung 2N+AT, durch. Am selben Tag, wurde die Me 210, Werknummer 0099 durch Bombentreffer vollständig zerstört. Weitere Einzelheiten hierzu sind nicht bekannt.
Am 5. Dezember 1942, wurde die Me 210 A-1, Werknummer 0182, durch Flakfeuer beschädigt. Weitere Angaben sind hierzu nicht vorhanden.
Am 6. Dezember wurde die Me 210, Werknummer 0246 mit der Kennung 2N+BS, von Leutnant Fritz Malt 100 Kilometer westlich von Sfax von einer P-38 abgeschossen. Er und sein Bordfunker Fritz Meiser gelten seitdem als vermisst. Eine Grablage der Besatzung ist nicht bekannt. Malt gehörte seit September 1942 zur III./ZG 1.
Am 22. Dezember 1942 kam es zu einem Startunfall in Trapani. Dabei wurde Hauptmann Heinrich Saß und sein Bordfunker Rudolf Blandowski getötet. Beide ruhen auf dem Soldatenfriedhof Motta St. Anastasia in der Gruft 30. Die Me 210 A-1, Werknummer 0088 mit der Kennung 2N+GS, wurde bei dem Unfall total zerstört.

Am 23. Dezember 1942 waren sechs Me 210 der III./ZG 1 im Golf von Hammamet zur Schiffsbekämpfung unterwegs. Dabei gerieten sie an Spitfires der 126. Squadron. Der Pilot Officer Long und Sergeant Hunter meldeten den Abschuss einer Me 210 und die Beschädigung von drei weiteren. Die eingesetzte 11./ZG 1 meldete jedoch keinen Verlust einer Me 210, sondern die Werknummer 0067 mit der Kennung 2N+BV wurde bei diesem Einsatz von Spitfires beschädigt. Die Besatzung, Unteroffizier Klaus Leibrandt und Gefreiter Heinz Zobel, wurden bei diesem Gefecht mit den Spitfires ca. 15 Kilometer östlich des Hafens von Sousse verwundet. Hatte die III./ZG 1 am Anfang des Monats noch einen Bestand von 21 Me 210 A-1, so standen am Monatsende nur noch 13 einsatzbereite Flugzeuge zur Verfügung. Im Dezember ´42, hatte die III./ZG 1 noch einen Zugang von zehn Maschinen zu verzeichnen, davon acht aus der Neufertigung. Demgegenüber standen aber 18 Abgänge, vier Me 210 gingen durch Feindeinwirkung verloren, und 11 Verluste waren ohne Feindeinwirkung zu verzeichnen. Drei Me 210 wurden zur Überholung an die Werft abgegeben. War der Dezember 1942 von großen Verlusten gekennzeichnet, so verlief der Januar 1943 wesentlich ruhiger.

Im Januar erhielt die III./ZG 1 insgesamt 15 neue Me 210 A-1, davon 12 neue Maschinen und drei von anderen Verbänden der Luftwaffe. Im Januar gingen nur vier Maschinen ohne Feindeinwirkung verloren, sodass am Monatsende ein Bestand von 24 Me 210 zu verzeichnen war. Schlechtes Wetter behinderte alle Operationen bis in den Februar hinein.

Am 11. Januar 1943 wurde die Me 210, Werknummer 0164, bei der Landung zu 25 Prozent beschädigt.

Am 22. Januar 1943 wurde die Werknummer 0151 nach einem Unfall bei der Landung als beschädigt gemeldet.

Im Februar gelangten 31 Me 210 A-1 an die III./ZG 1. Davon kamen 28 aus der Neufertigung, eine aus der Überholung und zwei Me 210 von anderen Verbänden. 13 Me 210 waren ohne Feindeinwirkung als Abgang zu verbuchen, was sowohl am schlechten Wetter als auch an den Platzverhältnissen lag. Aber auch technische Probleme, vor allem mit den Triebwerken vom DB 601 F, führten immer wieder zu Verlusten.

Am 10. Februar 1943 wurde die Me 210 mit der Werknummer 0244 bei einer Notlandung wegen Motorausfall beschädigt.

Zwei 250 kg-Bomben sind mit einem Heißgeschirr versehen und sollen mit einem Flaschenzug, der am Spornfahrwerk befestigt ist, in den Bombenschacht gehievt werden.
Foto Peter Petrick

Am 14. Februar 1943 wird eine Me 210 mit der Werknummer 2311 von der III./ZG 1 bei der Landung beschädigt.
Am 16. Februar 1943 bricht bei der Landung die Werknummer 2290 aus und wird zu 15 Prozent beschädigt.
Am 21. Februar 1943 ging die Me 210, Werknummer 0078, vier Kilometer nordöstlich Bronte nach Luftkampf verloren. Der Flugzeugführer Oswald Wawrowicz kam dabei ums Leben. Am selben Tag wurde die Me 210 mit der Werknummer 0216 bei der Landung durch Überschlag auf dem Flugplatz Chinisia schwer beschädigt.
In Februar erreichte auch die erste Me 210 C-1 den Verband. Diese Version war mit dem etwas zuverlässigeren DB 605 A ausgerüstet, der auch eine größere Leistung aufzuweisen hatte. Eine Maschine wurde an einen anderen Verband abgegeben. Mit einem Bestand von nun 42 Me 210 war die III./ZG 1 jetzt voll ausgerüstet, als im März 1943 eine Offensive der deutschen Truppen in Tunesien begann. Für die III./ZG 1 verschärfte sich Lage zusehends, da die Luftüberlegenheit der Alliierten ständig zunahm. Einsätze ohne Feindberührung in der Luft waren eine Seltenheit, da ständig alliierte Jäger unterwegs waren.
Am 1. März 1943 wurde die Me 210 A-1 mit der Werknummer 2290 mit einem Rollschaden von 10 Prozent registriert.
Am 4. März 1943 war die Me 210 mit der Werknummer 0205 und der Kennung 2N+LT beim Start ausgebrochen und blieb mit einem Schaden von geschätzten 40 Prozent auf dem Flugplatz von Gerbini liegen.
Am 6. März 1943 flogen 18 Me 210 der III./ZG 1 einen Bombenangriff auf den Flugplatz Neffatia im Südosten von Tunesien. Für die Engländer kam der Angriff völlig überraschend. In einem Tagebuch ist vermerkt worden: *„Es ist schön, mal wieder deutsche Flugzeuge in größerer Anzahl zu sehen.“* Der Verband bestand aus Me 210, Bf 109, Fw 190 und italienischen Jagdflugzeugen vom Typ MC 202.
Am 7. März griffen 12 Me 210 erneut den Flugplatz von Neffatia an. Dabei wurden die Me 210 von Spitfires angegriffen und eine Me 210 abgeschossen, die eine Notlandung durchführte. Diese Me 210 der 7./ZG 1, Werknummer 2314, Kennung 2N+DB, mit der Besatzung Unteroffizier Ernst Bonnrath und Johannes Häring wurde von Spitfires 50 Kilometer nördlich von Gabes abgeschossen. Der Pilot, Unteroffizier Ernst Bonnrath, verstarb später. Eine Grablage ist beim Volksbund nicht vermerkt. Die Me 210 hatten insofern großes Glück, keine weiteren Verluste hinnehmen zu müssen, denn bei den meisten Spitfires funktionierten die Bordwaffen nicht, was offenbar eine Auswirkung der wochenlangen Regenfälle war.

Bodenpersonal zieht mit Hilfe des Flaschenzuges die Bomben in den Bombenschacht. Unter der Sonne Siziliens war dies schweißtreibende Schwerstarbeit.
Foto Peter Petrick

Am 11. März 1943 waren zwei Me 210 der 7./ZG 1 als Begleitschutz für Siebelfähren südwestlich von Sizilien unterwegs. Die Fähren waren mit Nachschub auf dem Weg nach Tunesien. P-38, welche eine Formation von B-26 begleiteten, stießen auf die beiden Me 210. Diese griffen die B-26 an und schossen eine von der 17. Bombergruppe ab. Aber die P-38 griffen nun die beiden Me 210 an. Eine davon, mit der Kennung 2N+CS, Werknummer 2316, machte eine Notwasserung nordwestlich der Insel Marettimo. Die 2N+CS wurde geflogen von Feldwebel Karl-Heinz Thiemann und Bordfunker Unteroffizier Alfred Telitzky. Während Thiemann verwundet überlebte, fand Alfred Telitzky den Tod. Eine Grablage von Telitzky ist nicht bekannt, und offenbar ist er beim Volksbund auch nicht registriert.

Am 12. März 1943 machte die Me 210 A-1 mit dem Kennzeichen 2N+HT von der 9./ZG 1 mit der Besatzung Oberleutnant Bernhard Pfaffrath und Bordfunker Unteroffizier Heinz von Lomm eine Notlandung wegen Motorausfall. Dabei wurden beide Besatzungsmitglieder verwundet. Die Besatzung, bestehend aus Unteroffizier Josef Dors und dem Bordfunker Gefreiter Albert Kersten, von der 7./ZG 1 wurde nördlich des Ätnas durch Bodenberührung getötet. Die Me 210 A-1 mit der Kennung 2N+PR wurde bei dem Aufprall zu 100 Prozent zerstört. Die Besatzung konnte offenbar nicht geborgen werden. Auf dem Soldatenfriedhof von Motta St. Anastasia ist lediglich der Name von Josef Dors in einem Gedenkbuch vermerkt. Von Albert Kersten existiert kein Eintrag. Am Rande vermerkt: Auf diesem kleinen Soldatenfriedhof von 44 x 30 Metern am Fuße des Ätnas ruhen 4.561 deutsche Soldaten; davon sind 451 als unbekannt bestattet worden.

Am 14. März 1943 wurde die Me 210, Werknummer 0066, Kennzeichen NT+CJ, bei einer Notlandung wegen Motorstörung auf dem Flugplatz von Santa Ilagio beschädigt.

Am 18. März 1943, wurde die Me 210 A-1, Werknummer 2251, nach einem Unfall am Boden als beschädigt gemeldet.

Am 20. März 1943 wurde eine Me 210 A-1 mit der Werknummer 0256 durch Flakfeuer beschädigt. Der Pilot konnte die Maschine mit einem Schaden von 30 Prozent in Sfax landen. Am selben Tag wurde die Me 210 A-1, 2N+HS, von der 8. Staffel im Luftkampf mit P-38 im Planquadrat 1835 beschädigt. Die Besatzung mit Flugzeugführer Walter Brehm blieb unverletzt. Eine weitere Me 210 mit der Kennung 2N+HS wurde bei diesem Luftkampf westlich Marsala mit den P-38 ebenfalls als beschädigt gemeldet.

Am 23. März 1943 wurde auf dem Flugplatz von Chinisia die Werknummer 2286 bei einer Notlandung zu 10 Prozent beschädigt.

Am 24. März 1943 wurde die Me 210, Werknummer 2281, am Boden durch einen Rollschaden zu 35 Prozent beschädigt.

Am 25.März 1943 wurde die Me 210 A-1 auf dem Flugplatz von Chinisia mit der Werknummer 0216 von der 8./ZG 1 nach Überschlag bei der Landung zu 40 Prozent beschädigt.

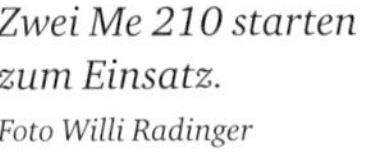
Zwei Me 210 starten zum Einsatz.
Foto Willi Radinger

Am 28. März 1943 erlitt die Me 210 A-1, Werknummer 2337, bei einer Bauchlandung einen Schaden von 20 Prozent.

Am 29. März 1943 wurden bei einem Luftangriff auf den Flugplatz von Sfax insgesamt sechs Me 210 beschädigt, zwei davon nur leicht. Die Werknummer 2301 wird mit einem Bombenschaden von 15 Prozent und die Werknummer 2318 mit 10 Prozent vermerkt. Aber die Maschinen mit den Werknummern 8157 GA+YG, 8161 GA+YK, 8162 GA+YL und 8167 GA+YQ wurden zu 80 Prozent zerstört

Am 30. März 1943 kam es auf dem Flugplatz Chinisia zu einem Rollschaden, bei dem die Me 210 C-1, Werknummer 8175, beschädigt wurde.

Am 31. März 1943, während eines Luftangriffs von B-25 mit Begleitschutz durch P-38, kam es 20 Kilometer nordöstlich der Insel Zembra zu einem Luftkampf mit den Me 210 der III./ZG 1. Oberleutnant Walter Lardy meldete den Abschuss einer B-25. Insgesamt verbuchten die Alliierten den Verlust von zwei P-38 und zwei B-25.

Am 1. März 1943 hatte die III./ZG 1 einen Bestand von 42 Me 210 aufzuweisen. In diesem Monat hatte die Einheit einen Zugang von 15 Me 210 A-1, davon 12 aus der Produktion von Messerschmitt und drei aus der Reparatur. Weitere acht Me 210 C-1 (Triebwerke DB 605 A) kamen ebenfalls aus Produktion hinzu. An Abgängen waren 23 Me 210 A-1 zu verzeichnen. Davon gingen fünf durch Feindeinwirkung verloren, 14 durch Unfälle und vier wurden an andere Verbände abgegeben. Von den Me 210 C-1 gingen zwei ohne Feindeinwirkung durch Rollschaden verloren. Am 31. März 1943 standen der III./ZG 1 insgesamt 40 Me 210 zur Verfügung (33 Me 210 A-1 und sieben Me 210 C-1).

Der April brachte der III./ZG 1 massive Verluste, da sich die Lage in Tunesien immer mehr verschärfte. Die deutschen und italienischen Truppen wurden immer weiter im Norden von Tunesien zusammengedrängt, und der Nachschub über See blieb fast gänzlich aus. Alles, was die Truppe benötigte, musste im Lufttransport aus Sizilien herangeschafft werden. Am 5. April 1943 musste Oberfeldwebel Herbert Hendrich von der 8./ZG 1 beim Begleitschutz für 31 Ju 52 die Me 210 A-1, Werknummer 0134, Kennzeichen 2N+FS, nach Luftkampf mit P-38 aufgeben. Der Bordfunker, Unteroffizier Rudolf Kaiser, wird seitdem nordwestlich Cap Bon vermisst.

Am 6. April 1943 flogen mindestens zwei Me 210 Begleitschutz für Transportflugzeuge. Dabei kam die Besatzung, bestehend aus Unteroffizier Walter Lübke und dem Bordfunker Rudolf Hüttner, von der 9./ZG 1 beim Absturz der Me 210 A-1 mit der Werknummer 0170, Kennung 2N+BR, nach Luftkampf ums Leben. Am selben Tag geht von der gleichen Staffel die Me 210 A-1 0092 mit der Kennung 2N+JT ca. 30 Kilometer nordwestlich von Gabes durch Absturz nach Luftkampf verloren. Dabei kam der Bordfunker Emil Dolch zu Tode.

Am 9. April 1943 griffen Spitfire VC von der US-FG 52 zwölf Ju 88 in der Gegend von Kai-

Um nicht vom feindlichen RADAR zu früh erfasst zu werden, erfolgt der Anflug auf das Ziel im Tiefflug.
Foto Willi Radinger

rouan an. Die Ju 88 waren allerdings Me 210 A-1 von der 7./ZG 1. Die Amerikaner meldeten den Abschuss von zehn Flugzeugen. Diese Erfolgsmeldung war allerdings total übertrieben. Tatsächlich gingen nur zwei Me 210 verloren. Als erste Me 210 wurde die Maschine von Leutnant Wedige-Bogislav von Glasenapp mit seinem Bordfunker Martin Schretzenmeyer getroffen. Mit der Me 210, Werknummer 8170, setzten sie zehn Kilometer nördlich Kairouan zur Bauchlandung an. Beide waren verwundet, überlebten aber diesen Luftkampf. Der zweiten Me 210 der 7./ZG 1, Kennung 2N+GR, geflogen von Leutnant Rudi Dassow, gelang es, eine Spitfire abzuschießen, bevor sie nordwestlich von Bou Thadi selbst brennend abgeschossen zur Notlandung gezwungen war. Bei der Bauchlandung explodierten die noch geladenen Bomben und töteten den Bordfunker Walter Böhme. Dassow wurde dabei verwundet, war aber bereits am 16. April wieder bei seiner Einheit. Des Weiteren wurde die Me 210 A-1, Werknummer 2297, im Luftkampf mit alliierten Jägern schwer (70 Prozent) beschädigt. Von Walter Böhme ist keine Grablage registriert.

Glücklich vom Einsatz zurück, aber der rechte Motor verliert Motoröl, was deutlich erkennbar auf den Reifen tropft.
Foto Willi Radinger

Die Me 210 2N+AS wartet auf den nächsten Einsatz.
Foto Willi Radinger

Am 10. April 1943 kehrte die Besatzung, bestehend aus Unteroffizier Gerhard Mehlhorn mit seinem Bordfunker Otto Sparrer von der 8./ZG 1, von einem Einsatz nordwestlich Cap Bon mit der Me 210 A-1, Werknummer 0265, Kennung 2N+MS, nach einem Luftkampf mit P-38 nicht zurück; sie gilt und gelten seitdem als vermisst. Im selben Gebiet geriet Oberleutnant Josef Hallerbach von der 9./ZG 1 mit der Werknummer 2276 in einen Luftkampf mit P-38. Dabei wurde Hallerbach verwundet, und die Me 210 A-1 konnte mit einem Beschussschaden von 30 Prozent noch glatt gelandet werden. Dagegen ging die Werknummer 2296 im Planquadrat 14 Ost/06/2 nach Beschuss zu 100 Prozent verloren. Weitere Angaben liegen hierzu nicht vor.

Die Lage in Tunesien verschlechterte sich aber 1943 von Tag zu Tag, trotz des opfervollen Einsatzes der deutschen Truppen. Die Alliierten beherrschten zunehmend den Himmel über Tunesien, was auch die III./ZG 1 durch zunehmende Verluste zu spüren bekam.

Wie verzweifelt die Lage der deutschen Truppen bereits Anfang April 1943 war, zeigt der Einsatz der Bomberverbände als Treibstofftransporter. Am 8. April 1943 wurden folgende Bomberverbände von Neapel aus mit Zusatztanks* zum Brennstofftransport nach Tunesien eingesetzt:

KG 54	14 Ju 88	22.000 Liter	nach El Djem	abgebrochen: fünf Ju 88 wegen Schlechtwetter, eine Ju 88 wegen Motorschaden
KG 30	8 Ju 88	10.800 Liter	El Djem	
KG 76	8 Ju 88	10.900 Liter	El Djem	
KG 77	4 Ju 88	7.300 Liter	nach Bizerta	zwei Ju 88 wegen Startproblemen mit vollen Zusatztanks abgebrochen
gesamt	34 Ju 88	43.700 Liter		acht Ju 88 im Einsatz abgebrochen

** Jede Junkers Ju 88 transportierte zwei Zusatzbehälter mit je mind. 700 Litern.*

Das rechte Triebwerk wurde ausgebaut. Die Flugmotore vom Typ Daimler-Benz DB 601 F waren leistungsgesteigerte DB 601 E. Die Startleistung wurde von 1.300 auf 1.375 PS erhöht. Bei den Einsatzflügen wurden die Motore bis an die Grenze ihrer Leistungsfähigkeit belastet. Hinzu kamen dann noch die Belastung durch aufgewirbelten Staub bei Start und Landung sowie die höheren Lufttemperaturen. Vor allem die Platzverhältnisse in Tunesien wirkten sich negativ auf die Lebensdauer der gesamten Flugzeugtechnik aus.

Glückliche Rückkehr von einem Einsatz. Viele Me 210 der III./ZG 1 kehrten von ihren Einsätzen in Nordafrika nicht zurück. Die alliierte Luftüberlegenheit führte zu horrenden Flugzeugverlusten auf Seiten der Deutschen Luftwaffe. In der Aufnahme sind die verwendeten Schwimmwesten deutlich zu erkennen.

Die Aufnahmen auf dieser Doppelseite sind aus der Sammlung von Eric Mombeek.

Diese Einsätze zum Treibstofftransport nach Tunesien wurden am 10. April 1943 wiederholt. Dabei wurden von der III./Kampfgeschwader 54 10.200 Liter und von Kampfgeschwader 1 insgesamt 34.200 Liter nach Tunesien transportiert. Die zum Transport vorgesehene IV./Kampfgeschwader 54 konnte den Auftrag nicht durchführen, da die vom Quartiermeister zugesagten Zusatzbehälter auf dem Flugplatz von Neapel/Pomigliano nicht eingetroffen waren. Zwei Ju 88 dieser Einheit verfügten zwar über die Zusatzbehälter, diese wurden aber so spät betankt, dass der Einsatz nicht mehr durchgeführt werden konnte.

Ein italienischer Verband mit 20 Transportmaschinen wurde am 10. April 1943 gegen 13.50 Uhr, auf Höhe der Insel Zembretta von sechs feindlichen Jägern angegriffen. Der Aufschlag von fünf Transportern auf dem Wasser wurde beobachtet.

Am 14. April 1943, führte die Me 210 A-1 mit der Werknummer 2289 eine Notlandung wegen Triebwerkausfall durch.

Am 15. April 1943 wurde bei einer Notlandung wegen Motorstörung mit der Me 210 A-1, Werknummer 0183, Oberleutnant Türing verletzt.

Einschießen der Bordwaffen einer Me 210 der III./ZG 1. Zum Einschießen und zur Justierung der Bordwaffen musste die Maschine in Fluglage aufgebockt werden und sich in einem voll betriebsfähigen Zustand befinden. Es durften nur einige kurze Feuerstöße abgegeben werden, da die Schutzrohre im Stand nur unzureichend gekühlt wurden. Die einwandfreie Funktion des SZKK 4 (SZKK = Schusszählerkontrollkasten) war zu überprüfen. Die Justierung der Bordwaffen hatte so zu erfolgen, dass alle Waffen die senkrechte Visierebene bei 400 m Entfernung durchstoßen werden. Die waagerechte Visierlinie war beim MG 151/20 bei 450 m und die der beiden MG 17 bei 500 m zu durchstoßen.

Am 17. April 1943 landete die Me 210, Werknummer 0095, Kennung GT+VM, nach Luftkampf mit einer Beschädigung von 15 Prozent in Chinisia. Die Werknummer 2288 machte nach Luftkampf eine Bauchlandung und wurde dabei zu mindestens 10 Prozent beschädigt.
Auf deutscher Seite kam der Nachschub an Treibstoff im April 1943 so gut wie zum Stillstand. Von alliierter Seite her war es gelungen, alle Transportschiffe kurz vor dem Einlaufen in die Häfen von Tunesien zu vernichten. Die Transportverbände versuchten so viel wie möglich im Lufttransport an die deutschen Einheiten zu liefern. Unvergessen bleibt der Einsatz von 14 Me 323 „Gigant" am 22. April 1943, die alle in Sichtweite der tunesischen Küste von alliierten Jagdflugzeugen abgeschossen wurden. Mit den Giganten versanken 700 Fässer a 200 Liter Benzin (140.000 Liter) im Mittelmeer.

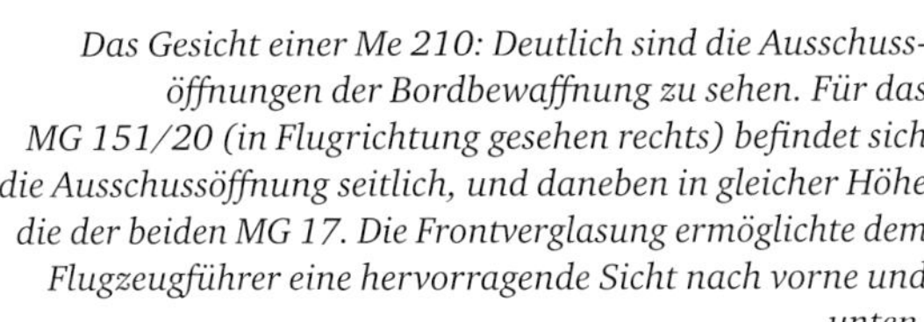

Das Gesicht einer Me 210: Deutlich sind die Ausschussöffnungen der Bordbewaffnung zu sehen. Für das MG 151/20 (in Flugrichtung gesehen rechts) befindet sich die Ausschussöffnung seitlich, und daneben in gleicher Höhe die der beiden MG 17. Die Frontverglasung ermöglichte dem Flugzeugführer eine hervorragende Sicht nach vorne und unten.

Am 24. April 1943 wurde die Me 210 A-1, Werknummer 0257, von der 7./ZG 1 westlich Cap Bon im Luftkampf mit P-40 beschädigt und der Flugzeugführer Fritz Stiehle verwundet.
Am 1. April 1943 hatte die III./ZG 1 insgesamt 40 Me 210 zur Verfügung. Im April waren folgende Zugänge zu vermerken: 18 Me 210 A-1, davon 12 neue aus der Produktion und sechs aus der Reparatur; des Weiteren zwei neue Me 210 C-1. An Abgängen waren 34 Me 210 A-1 zu verzeichnen, davon 24 durch Feindeinwirkung und zehn ohne. Hinzu kam der Abgang von acht Me 210 C-1. Davon gingen vier durch und vier ohne Feindeinwirkung verloren. Am 1. Mai standen der III./ZG 1 somit nur noch 17 Me 210 A-1 und eine Me 210 C-1 zur Verfügung. Betrachtet man die Verlustzahlen, so war der gesamte Flugzeugbestand der III./ZG 1 innerhalb von vier Wochen vernichtet worden. Nur durch die Nachführung von 20 neuen und aus der Reparatur kommenden Flugzeugen war die III./ZG 1 noch als eingeschränkt einsatzbereit zu betrachten. Vom 11. Mai 1943 existiert ein Vermerk, dass sich eine Me 210 A-1 zur Überholung in einer Werft befindet.
Wie verzweifelt die Lage der deutschen Truppen in Tunesien war, zeigt auch die Aktion mit dem U-Boot U 380. Dieses U-Boot lag im Hafen von Livorno und wurde dort für eine neue Feindfahrt ausgerüstet, als der Befehl für eine Versorgungsfahrt nach Tunis eintraf. Alles was für diese Fahrt nicht erforderlich war, wurde zum Teil einfach außenbords ins Hafenbecken entsorgt. Nur die Hälfte der Besatzung führte diese Fahrt unter Kapitänleutnant Josef Röther durch. Die vorher mühselig verladenen Torpedos mussten wieder an Land gebracht werden. Dafür wurden 25 t an Munition für die Truppen in Tunesien geladen. Am 7. Mai 1943 lief U 380 aus und machte sich auf den Weg nach Tunesien. Als U 380 vor Tunis eintraf, waren die Kampfhandlungen beendet. Die 25 t hochbrisante Munition wurden dem Mittelmeer übergeben. Nur vier Soldaten des Afrikakorps konnten am 10. Mai 1943 bei ständig auffrischendem Wind übernommen werden. Am Strand warteten noch 50 bis 60 Mann, die aber wegen des hohen Wellengangs nicht mehr übernommen werden konnten. Dann wurde die Rettungsaktion abgebrochen, und U 380 lief in Richtung Italien ab, da die Gefahr, in den flachen Küstengewässern entdeckt zu werden, ständig größer wurde.
Am 21. Mai 1943 wurde die Me 210 A-1, Werknummer 2313, Kennung 2N+LS, von der 8./ZG 1 nach Luftkampf mit Spitfire westlich von Sizilien abgeschossen. Der Flugzeugführer Unteroffizier Joachim Nitschalk und der Bordfunker Walter Hofbauer gelten seitdem als vermisst. Die Besatzung ist beim Volksbund nicht erfasst.
Am 30. Mai 1943 ging die Me 210 A-1, Werknummer 0225 mit der Kennung 2N+KT, mit der Besatzung Leutnant Wolfgang Kutscher und Bordfunker Heinz Wäterling nach Luftkampf 80 Kilometer südwestlich von Marettimo verloren. Die Besatzung ist beim Volksbund nicht erfasst.
Am 23. Juni 1943 ging die Werknummer 2310 und 2312 zur Überholung in die Werft nach München/Riem.
Am 24. Juni 1943 wurde die Me 210 mit der Werknummer 0063 und der Kennung DH+JT von der 9./ZG 1 bei einem Einsatz abgeschossen. Die Me 210 mit der Besatzung, bestehend aus Unteroffizier Werner Günther und dem Gefreiten Hugo Ludwig, überwachte einen alliierten Schiffskonvoi, als sie vermutlich von P-38 angegriffen und abgeschossen wurden.
Am 15. Juli 1943 wurde die Werknummer 2279 bei einer Landung zu 30 Prozent beschädigt.
Vom November 1942 bis zum Juli 1943 verlor die III./ZG 1 insgesamt 144 Flugzeuge; davon gingen 55 Maschinen im Einsatz verloren, 74 wurden ohne Feindeinwirkung beschädigt oder gingen durch Absturz verloren, zehn Me 210 gingen in die Überholung und fünf Flugzeuge wurden an andere Verbände abgegeben. Ein weiterer Beweis für die verheerenden Verluste der Luftwaffe ist eine Aufstellung des Flugzeugbergungstrupps 1/108/trop im Kampfraum Mittelmeer. Diese Einheit meldete vom 1. Januar bis 1. Juni 1943 die Bergung von 43 beschädigten Me 210.

Einsatz der Me 210 als Aufklärer im Mittelmeerraum

Die 2. Staffel der Fernaufklärungsgruppe 122 war mit Junkers Ju 88 als Einsatzflugzeug ausgerüstet. Ende September 1942 verfügte sie über einen Bestand von 12 Einsatzmaschinen, davon zehn Ju 88 D-1/C-trop und zwei Ju 88 D-5/C-trop. Die Einheit war auf dem Fliegerhorst Trapani (Sizilien) stationiert. Das Einsatzgebiet erstreckte sich über das gesamte südliche Mittelmeer und Nordafrika. Im Dezember 1942 erhielt die 2.(F)/Aufklärungsgruppe 122 die ersten Me 210 A-1 aus der Fertigung der Umbauflugzeuge der Messerschmitt AG. Die Me 210 A-1 hatte zwar eine geringere Reichweite als die Ju 88, allerdings erreichte sie mit 564 km/h eine deutlich höhere Geschwindigkeit als die Ju 88 mit 460 km/h. Und die Geschwindigkeit konnte bei einer Begegnung mit feindlichen Jagdflugzeugen von entscheidender Bedeutung sein. Von vier gelieferten Maschinen im Dezember 1942 wurde eine ohne Feindeinwirkung beschädigt, sodass Anfang Januar 1943 nur noch drei Me 210 zur Verfügung standen. Im Januar 1943 erhielt die Staffel drei weitere Me 210 zugeteilt: eine aus der Neufertigung, eine aus der Reparatur und eine von einem anderen Verband. Eine weitere Maschine wurde ohne Feindeinwirkung beschädigt. Damit standen für Anfang Februar fünf Me 210 für die Aufklärung zur Verfügung, die um weitere vier Maschinen im Laufe des Monats ergänzt wurden, um die aufgetretenen Verluste auszugleichen. Zwei Me 210 gingen durch Feindeinwirkung und eine ohne verloren. Zwei Me 210 mussten in die Überholung abgegeben werden. Ende Februar 1943 waren noch vier Me 210 im Bestand der 2.(F)/Aufklärungsgruppe 122. Im März 1943 war noch ein Zulauf von zwei Me 210 zu verzeichnen. Dem gegenüber stand der Abgang von drei Maschinen, sodass Ende des Monats nur noch drei Me 210 vorhanden waren, weil zwei durch Feindeinwirkung verloren gingen und eine Maschine zur Überholung abgegeben wurde. Bis Ende April 1943 reduzierte sich der Bestand auf nur noch eine Me 210, aber zu diesem Zeitpunkt waren bereits die ersten drei leistungsgesteigerten Me 410 mit dem Daimler-Benz DB 603 bei der Staffel eingetroffen. Ende Juni 1943 befand sich keine Me 210 mehr bei der 2.(F)/Aufklärungsstaffel im Einsatz.

Am 8. Februar 1943 wurde die Me 210 A-1 mit der Werknummer 0130 und der Kennung F6+JK (2.(F)/122) im Raum Tripolis-Zuara-Misurata vermisst. Unteroffizier Kurt Schulz und sein Bordfunker Johannes Franke kehrten vom Einsatz nicht zurück. Beim Volksbund ist die Besatzung nicht erfasst.

Seit dem 22. Februar 1943 gilt die Besatzung, bestehend aus Feldwebel Walter Spitzner und sein Bordfunker Unteroffizier Waldemar Küch, nach Luftkampf im Raum Tripolis als vermisst. Die Me 210 A-1 hatte die Werknummer 0210 mit der Kennung F6+ZK. Beim Volksbund ist die Besatzung nicht erfasst.

Am 15. März 1943 brach beim Start die Werknummer 0251 auf dem Flugplatz Trapani-Chinisia aus und wurde zu 15 Prozent beschädigt.

Am 17. März 1943 befand sich die Me 210 A-1, Werknummer 0052 mit der Kennung F6+AK, in der Werft in Villacidro.

In Trapani wurde am 22. März 1943, die Werknummer 8156 bei einem Startunfall zu 80 Prozent beschädigt.

Am 25. März 1943 wurde die Me 210 mit der Werknummer 8159 bei einer Bruchlandung in Trapani-Chinisia zu 40 Prozent beschädigt.

Durch eine Bombe wurde am 13. April 1943 eine Me 210 als leicht beschädigt gemeldet.

Am 18. April 1943 befand sich die Me 210 A-1, Werknummer 110210 mit der Kennung F6+ZK, ca. 70 Kilometer nordöstlich von Cap Bon, als sie von Spitfires angegriffen wurde. Die Besatzung der Me 210 mit Leutnant Norbert Schiefhauer und seinem Bordfunker Wilhelm Giesa gilt seitdem als vermisst. Beim Volksbund ist die Besatzung nicht erfasst.

Am 19. April 1943 kehrte die Me 210, Werknummer 110221 mit der Kennung F6+IK, von einem Einsatz nördlich Algier nicht zurück. Der Unteroffizier Erich Förster und sein Bordfun-

ker, Gefreiter Alfred Hahn, gelten seitdem als vermisst. Beim Volksbund ist die Besatzung nicht erfasst.
Am 24. Juni 1943 wurde die Me 210 mit der Besatzung, bestehend aus Oberleutnant Ulrich Hauck und Bordfunker Willi Geber, nach Luftkampf ca. elf Seemeilen südlich Cap Pasere vermisst. Die Besatzung Hauck/Geber flog die Me 210 mit der Werknummer 0157 und der Kennung F6+XK. Oberleutnant Ulrich Hauck konnte auf See tot geborgen werden. Seine letzte Ruhestätte befindet in der Kriegsgräberstätte in Motta St. Anastasia, Gruft 4, Reihe 5, Platte 8, im Sarkophag 77. Von Willi Geber existiert weder Eintragung noch Nachweis.
Vom Dezember 1942 bis zum Mai 1943 erhielt die 2.(F)/122 insgesamt 14 Me 210. Durch Feindeinwirkung gingen vier Me 210 verloren. Die Verluste von sechs Maschinen ohne feindliche Einwirkung sind auf Motorstörungen, Bruchlandungen und Startunfälle zurückzuführen. In Reparatur wurden vier Flugzeuge abgegeben.
Im April 1943 erhielt die 2.(F)/122 ihre ersten drei Me 410 A-2/U1. Diese Maschinen waren aus vorhandenen Me 210 in Me 410 mit dem Daimler-Benz DB 603 umgerüstet worden. Diese ursprünglichen A-2 wurden per Umrüstsatz in eine Me 410 A-3/U1 (Aufklärungsflugzeug mit Kameraausrüstung) umgebaut. Eines dieser Flugzeuge wurde nach der Besetzung von Sizilien auf dem Flugplatz von Trapani am 12. August 1943, in völlig intaktem Zustand von englischen Truppen erbeutet. Die Me 410 mit der vollständigen Werknummer 2100110018 und der Kennung F6+WK wurde zerlegt und nach England transportiert und nach ihrem Zusammenbau dort eingehend getestet. Anschließend ging diese Me 410 mit der Beutenummer FE-499 als Kriegsbeute in die USA und wurde dort weiteren Tests unterzogen. Diese Me 410 hat den Krieg überstanden und befindet sich heute zerlegt in einem Depot des National Air and Space Museum in Silver Hill.

Die Me 210 im Einsatz als Nachtjäger

Beim Nachtjagdgeschwader 1 (NJG 1) befanden sich im Oktober 1943 einige Me 210. Dokumentiert ist der Verlust von zwei Me 210.
Am 9. Oktober 1943 ging die Me 210 mit der Werknummer 2309, Kennung G9+AT, vom Stab der IV./NJG 1 nach Luftkampf bei Cloppenburg verloren. Oberfeldwebel Rudolf Müller wurde dabei getötet.
Am 18. Oktober 1943 wurde vom Verlust einer Me 210 der II./NJG 1 berichtet. An diesem Tag waren Feldwebel Schneider und sein Bordfunker, Unteroffizier Anton Hübner, zu einem Tageseinsatz als Fühlungshalter gegen US-Bomber mit ihrer Me 210 C-1, Werknummer 0055, Kennung TC+ME, gestartet. Dabei kam es zu einem Luftkampf mit Begleitjägern, bei dem die Me 210 über Schmitthof bei Eupen abgeschossen wurde. Während Schneider verwundet der Fallschirmabsprung gelang, fand Hübner den Tod. Unteroffizier Anton Hübner ist in der Kriegsgräberstätte Aachen im Block 13, Grab 58, bestattet.
Die Me 210 konnte sich als Nachtjäger nicht durchsetzen. Die dann folgende Me 410 im Nachtjagdbereich wurde ohne großen Erfolg zur Jagd auf die Mosquito eingesetzt. Für die Nachtjagd eigneten sich die Typen Bf 110 G-4, Ju 88 C und G sowie die He 219 wesentlich besser.

Me 210 in der Reichsverteidigung als Fühlungshalter im Einsatz

Bereits 1943 waren Me 210 als Fühlungshalter zur Beobachtung von US-Bomberverbänden eingesetzt. Noch bis weit in das Jahr 1944 hinein flogen speziell ausgerüstete Me 210 C-1 mit GM-1-Anlage als Fühlungshalterflugzeuge bei Luftbeobachtungsstaffeln. Die GM-1-Behälter und die dafür notwendigen Druckluftflaschen befanden sich im Bombenschacht. Ausgestattet mit je einem 300-Liter-Zusatztank unter jeder Fläche verfolgten diese Maschinen in großer Höhe den Flugweg der US-Bomberverbände und gaben laufend Meldungen über Anzahl, Flughöhe und Kurs der Bomber an die Bodenstellen durch. Mit Hilfe der GM-1-Einspritzung konnten sich die Me 210 fast aller Angriffe durch US-Jäger entziehen. Nur ein Verlust vom 11. Februar 1944 von der Luftbeobachterstaffel 3 ist dokumentiert. An diesem Tag wurde der Staffelkapitän Oberleutnant Schneider mit der Me 210 A-1, Werknummer 0187 und der Kennung VN+NY, westlich von Koblenz abgeschossen. Während sich Oberleutnant Schneider per Fallschirmabsprung retten konnte, kam der Bordfunker Feldwebel Karl Schlotter ums Leben. Hier der Einsatzbericht eines anderen Flugzeugführers: „*Wurden entsprechende Einflüge gemeldet, dann starteten wir mit der Me 210 und stiegen auf ca. 9.000-10.000 Meter Höhe mit Kurs auf die einfliegenden Bomber. Hatten wir Sichtkontakt zu den Bombern, gab der Bordfunker laufende Reportagen an die Bodenstellen durch. Darin enthalten waren Anzahl der Bomber, deren Kurs sowie Flughöhe und die Anzahl der Begleitjäger, soweit wir das beobachten konnten. Wie die Bomber und Jäger, so zogen auch wir in dieser Höhe einen prächtigen Kondensstreifen hinter uns her und waren auch für die Amis klar zu sehen. So lange sich deren Kondensstreifen nicht veränderten, drohte uns kaum Gefahr. Trotzdem war es ratsam, den gesamten Luftraum intensiv zu beobachten. Veränderten sich plötzlich die Kondensstreifen beim Gegner, dann waren in der Regel einige US-Jäger auf uns angesetzt worden. Nun hieß es, auf diese Jäger, meistens waren es Mustangs, ganz genau aufzupassen. Die versuchten Höhe zu gewinnen, um uns dann von hinten oben anzugreifen. Wurde der Abstand immer geringer, war es ratsam die GM-1-Anlage einzuschalten und Vollgas zu geben. Dadurch hatte jedes Triebwerk kurzzeitig ca. 200 PS mehr an Leistung, und die Geschwindigkeit erhöhte sich um mindestens 100 km/h. Im Rückspiegel konnte ich dann erkennen, wie wir den Mustangs fast mühelos davonzogen. Es war es schon ein tolles Gefühl, wenn die Jäger entnervt aufgeben mussten. Allerdings war die Belastung für die Triebwerke durch das GM-1 schon enorm. Die Einsatzdauer war auf 15 Minuten beschränkt.*“

Me 210 beim Kampfgeschwader 51

Das Kampfgeschwader 51 mit dem markanten Edelweiß im Wappen rüstete im Mai 1943, zumindest die I./KG 51, vom Bomber Ju 88 A-4 auf die Me 410 um. Die altgedienten Piloten, welche vorher die Junkers Ju 88 geflogen hatten, waren von der Me 410 vollauf begeistert, denn sie war schneller, wendiger und hatte vor allem eine enorme Steigleistung gegenüber der Ju 88 aufzuweisen. Damit die jüngeren Flugzeugführer an die Me 410 herangeführt werden konnten, wurde zuerst auf der Me 210 bei der IV./KG 51 geflogen. Die Umschulung galt als Zwischenstation auf die schwerere Me 410. Kam die Me 210 Ca auf eine Startleistung von 2.950 PS, so hatte die Me 410 eine Leistung von 3.600 PS aufzuweisen. Das Einsatzgewicht der Me 210 Ca betrug rund 7.200 kg, bei der Me 410 war es auf 9.500 kg angestiegen. Mit voller Kampfmittelzuladung stieg das Gewicht sogar auf 11.200 kg an. Bedingt dadurch stieg die Flächenbelastung von ca. 280 kg/m² auf 312 kg/m². Die Landegeschwindigkeit erhöhte sich von 188 km/h bei der Me 210 auf 230 km/h bei der Me 410. Da machte es Sinn, vor allem die neuen und unerfahrenen Flugzeugführer vorher auf der leichteren Me 210 umzuschulen. Aber auch dabei traten Verluste auf.

Am 27. Februar 1944 meldete die IV./KG 51 die Lieferung der Me 210 Ca, Werknummer 150030, in Oberpfaffenhofen von der ungarischen Donau Flugzeugbau. Am 18. März 1944 wurde die Me 210 Ca, Werknummer 150033 mit der Kennung 9K+FU, von der IV./KG 51 an die ungarische Luftwaffe abgegeben. Am gleichen Tag musste eine Me 210 Ca mit der Werknummer 150035 und dem Kennzeichen PD+VY eine Bauchlandung durchführen. Am 23. März 1944 wurde die Werknummer 150036, Kennzeichen 9K+CX, bei der Landung auf dem Flugplatz in Hildesheim beschädigt. Am 26. März 1944 kam es zu einem Landeunfall in Hildesheim mit der Me 210 Ca, Werknummer 150024 und der Kennung 9K+HV. Die Besatzung mit Unteroffizier Meckelberg blieb unverletzt. Anders sah es am 9. April 1944 aus, als Unteroffizier Helmut Leitner und sein Bordfunker Gefreiter Heinrich Schrammer mit der Me 210 Ca, Werknummer 150033, tödlich abstürzten. Die Absturzstelle lag sechs Kilometer westlich vom Flugplatz Hildesheim. Die Me 210 hatte die Kennung 9K+HX und gehörte zur 13./KG 51. Die Me 210 B-1 mit der Werknummer 150011, Kennung 9K+CV, von der 10./KG 51 fiel am 8. Mai 1944 einen Kilometer südöstlich von Anzing vom Himmel. Der Flugzeugführer Unteroffizier Gerhard Buck und sein Bordfunker Josef Klasen kamen dabei ums Leben. Am 30. Mai 1944 stürzte eine weitere Me 210 Ca, ca. neun Kilometer nordwestlich von Dinkelscherben ab. Die Werknummer 150028 hatte das Kennzeichen 9K+HV und gehörte zur 11./KG 51. Die Besatzung, mit Unteroffizier Rolf Engelke und Bordfunker Obergefreiter Josef Otto, konnte nur noch tot geborgen werden. Ein Flugzeugführer, Unteroffizier Johannes Traben von der 11./KG 51, kam am 17. September 1944 beim Absturz seiner Me 210 ums Leben. Die Me 210 Ca hatte die Werknummer 150036 mit der Kennung 9K+CV. Als Absturzort ist in der Verlustmeldung Oberföhring bei München angegeben.

Im Juli 1944 fanden mehrere Einweisungs- und Übungsflüge der I./KG 51 mit Me 210 auf dem Fliegerhorst Lechfeld statt.

Lizenzproduktion der Me 210 in Ungarn

Eine Me 210 Ca der Luftwaffe Ungarns bringt die Triebwerke für einen Einsatz auf Betriebstemperatur. Die ungarischen Piloten waren mit der Me 210 Ca vollauf zufrieden. Die Entscheidung, als Triebwerk den DB 605 einzusetzen, stellte sich als gute Wahl heraus, denn Mitte 1943 hatte der Motor mit seinen 1.475 PS Startleistung die meisten Kinderkrankheiten überwunden und lief nun zufriedenstellend.

Foto Willi Radinger

1941 besuchte eine ungarische Delegation die Messerschmitt-Werke in Augsburg und Regensburg. Die Ungarn erwarben die Baulizenzen für die Bf 109 G und die Me 210. Entsprechend dem Lizenzvertrag sollten 50 Prozent der gebauten Flugzeuge an die deutsche Luftwaffe abgeliefert werden. Die von der deutschen Luftwaffe eingesetzten ungarischen Me 210 bekamen die Bezeichnung Me 210 Ca. Bevor jedoch die Produktion in Ungarn beginnen konnte, war eine umfangreiche Unterstützung notwendig. Die Lieferung von hunderten Werkzeugmaschinen und entsprechende Bauvorrichtungen waren dazu erforderlich, genauso wie bereits fertige Bauteile der Me 210. Auch eine komplette Me 210 C ging an Ungarn.

Die Ungarn begannen Ende 1942 mit der Produktion der Me 210, die sie allerdings gründlich modifizierten. Die Motoren vom Typ DB 601 F wurden durch DB 605 A ersetzt. Die Bewaffnung im Rumpf wurde auf zwei MG 151/20 reduziert, und die gesamte von den Deutschen eingebaute Zusatzpanzerung im Führerraum entfiel. Es verblieb nur die standardmäßige, acht Millimeter starke Panzerung. Von 1942 bis 1944 wurden insgesamt 302 Me 210 von der „Dunai Repülögépgyar RT“ (Donau Flugzeugwerk) in der Nähe von Budapest produziert. Von deutschen Piloten wurden die ungarischen Me 210 Ca vom Kampfwert her höher eingeschätzt als die deutsche Ausführung.

Die Me 210 Ca wurde von Ungarn intensiv als schnelles Kampfflugzeug eingesetzt. Auch zur Abwehr von US-Bomberverbänden sah sich die Me 210 Ca am Himmel über Ungarn. Gegen die US-Begleitjäger gab es aber auch Verluste. Auch als Nachtjäger kam die Me 210 in Ungarn zum Einsatz.

Foto Willi Radinger

Übergang von der Me 210 auf die Me 410

In einem Aktenvermerk an Bankier Seiler, SS-Brigadeführer Croneiß, Direktor Hentzen und Direktor Kokothaki vom 12. August 1942 berichtet Messerschmitt folgenden Sachverhalt:
Auf der Fahrt nach München, am Samstag, dem 8. August 1942 habe ihm Herr Oberstabsingenieur Alpers Folgendes vertraulich mitgeteilt: *„Es sei dringend nötig, dass wir, nicht nur in unserem Interesse, sondern auch im Interesse der Luftwaffe, die Me 210 schnellstens auf DB 603 umrüsten und für den Wiederanlauf die allernotwendigsten Ausrüstungsänderungen dringend durchführen. Die Weiterentwicklung würde dann automatisch erfolgen. Er begründet diese Stellung damit, dass in absehbarer Zeit mit einem Flugzeug, welches der Me 210 überlegen sein wird, nicht zu rechnen ist, dass aber ein solches Flugzeug außergewöhnlich notwendig ist. Er hat dabei den Vorschlag gemacht, zu untersuchen, ob nicht bis zum Frühjahr nächsten Jahres durch Umbau vorhandener Flugzeuge (gemeint war die Me 210) möglichst 30 Stück dem RLM angeboten werden könnten. Ich bitte diesen Aktenvermerk wegen des vertraulichen Inhalts nicht über den Verteilerkreis zu verbreiten."*
Die völlig überarbeitete Me 210 wurde mit der Bezeichnung Me 410 ab Mitte 1943 bei der Luftwaffe eingeführt und bewährte sich als ausgezeichnetes Zerstörer-, Kampf- und Aufklärungsflugzeug. Diese ersten Me 410 waren alles ehemalige Me 210, die aus den eingelagerten und dann modifizierten Bauteilen der Me 210 in Me 410 mit dem DB 603 umgerüstet wurden. Zu erkennen sind derartige Flugzeuge an den Motorhauben, die immer noch die Überwachungsinstrumente für das Triebwerk hinter einer Plexiglasscheibe an der Motorhalterung befestigt haben. Auch die vollständige Werknummer begann mit Me 210. Erst ab ungefähr der 500. Me 410, waren es danach aus Neubauteilen gebaute reinrassige „neue" Me 410. Die Triebwerke DB 603 A waren um einiges größer. Um dieses Triebwerk unterzubringen, musste die Motorgondel um 228,6 mm verbreitert und die Verkleidungsbleche mussten neu angepasst werden. Die Instrumente zur Triebwerksüberwachung, wie für Kraftstoff- und Öldruck, sowie die Temperaturanzeigen für Kühlstoff- und Öltemperatur waren bei der Me 210 unter der Motorabdeckung hinter einem Plexiglasfenster eingebaut. Bei den dann folgenden ersten Me 410 wurde diese Anordnung beibehalten. So sind zum Beispiel auf Fotos der Me 410 F6+WK die Ausschnitte mit den Plexiglasfenstern auf den Motorhauben noch deutlich erkennbar. Erst bei den aus Neubauteilen produzierten Me 410 wurden diese Instrumente wegen der besseren Ablesbarkeit in die Kabine auf eine Konsole verlegt. Diese war aus Sicht des Piloten vor dem Steuerknüppel eingebaut.

Die Me 410 F6+WK

Aus einem Me 210-Umbauflugzeug entstand im April/Mai 1943 das Aufklärungsflugzeug Me 410 A-2/U-1 mit der vollständigen Werknummer 2100110018 und der späteren Kennung F6+WK. Die Werknummer zeigt schon deutlich an, dass diese Maschine aus vorhandenen Teilen der Me 210 in eine Me 410 umgerüstet wurde. Dieses Flugzeug gehörte zur 2.(F)/122 und wurde am 12. August 1943 von alliierten Truppen auf dem Flugplatz Trapani unbeschädigt vorgefunden. Heute befindet sie sich im Besitz des National Air and Space Museum in Washington, D.C. In einem Depot in Silver Hill wartet sie, zerlegt in ihre Hauptbestandteile, auf ihre Restaurierung. Für die Öffentlichkeit ist dieses Flugzeug allerdings nicht zugänglich. Diese Me 410 ist die einzige einer frühen Variante, die den Zweiten Weltkrieg überstanden hat. Ein weiteres Exemplar einer späten Ausführung ist in Großbritannien erhalten geblieben.

Die F6+WK gehörte zur 2./(F)122 und war ein Behelfsaufklärer vom Typ Me 410 A-2/U1, der weitgehend aus Me 210-Teilen hergestellt worden war. Die abgebildete Me 410 wurde am 12. August 1943 in einem unbeschädigten Zustand auf dem Flugplatz von Trapani aufgefunden. Dort wurde das Flugzeug zerlegt und gelangte 1944 in die USA. Dort wurde die Me 410 einigen Testflügen unterzogen. Foto NASM

Frontalansicht der Me 410 A-2/U1 mit der Kennung F6+WK. Die vollständige Werknummer lautete 2100110018 und weist eindeutig auf eine umgerüstete Me 210 mit DB 603-Triebwerken hin. In der vergrößerten Verkleidung des Bombenraums sind Sichtfenster für die Kameras eingebaut. Foto NASM

In dieser Aufnahme sind die Fenster in den Motorverkleidungen sehr schön erkennbar. Auf den Innenseiten waren die Überwachungsinstrumente für die Motoren angebracht.
Foto NASM

Diese Aufnahme von hinten links zeigt die moderne aerodynamische Grundauslegung der Me 210 – Me 410.
Foto NASM

So ist die Me 410 (210) im Depot in Silver Hill beim National Air and Space Museum eingelagert.
Foto NASM

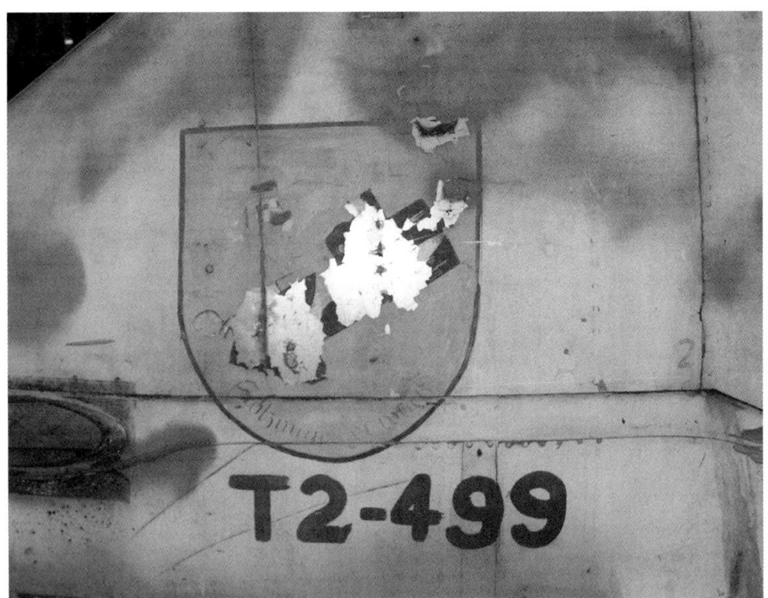

Das stark ramponierte und nur noch teilweise erkennbare Wappen der 2./(F) 122. Die Me 410 wurde mit der Beutekennung T2-499 registriert.
Foto NASM

Wappen der 2./(F)122: „Holzauge sei wach".
Foto Sammlung Peter Schmoll

Heute lagert die F6+WK in zerlegtem Zustand in einem Depot des NASM bei Washington, D.C., und wartet hinter einem Holzverschlag auf ihre Restaurierung, die wohl so schnell nicht erfolgen dürfte.
Foto NASM

Im Kabinenbereich sieht es ziemlich trostlos aus. Das linke Seitenruderpedal fehlt, und ein Teil der deutschen Instrumente wurde gegen amerikanische ausgetauscht.
Foto NASM

Technik Me 210 – Typenbeschreibung Me 210 A-Zerstörer

Technische Beschreibung aus Handbuch (Auszüge)

A. Hauptabmessungen

Spannweite	16,40 m
Länge	12,15 m
Höhe	3,70 m
Flügelfläche	36,20 m^2

B. Konstruktionsform
Freitragender zweimotoriger Tiefdecker in Ganzmetallbauweise (Schalenbau) mit einziehbarem Fahrwerk, zentralem Seitenleitwerk und geschlossenen Räumen (Führer- und Beobachterraum) für die Besatzung (zweisitzig). Das Tragwerk ist durch den Rumpf durchlaufend ausgeführt und mit Vorflügel, Landeklappen und Sturzflugbremsen versehen.

C. Baustoffangaben
Sämtliche Baustoffe sind Fliegwerkstoffe. Hauptbaustoff Dural.

D. Festigkeit
Das Flugzeug genügt den Bau- und Festigkeitsvorschriften des DLA vom Dezember 1936 sowie den Sonderlastannahmen hierzu mit einem Fluggewicht von 10.700 kg. Höchstzulässige Geschwindigkeit in Waagerechtflug (in Bodennähe): 500 km/h. Höchstzulässige Geschwindigkeit bei Landeklappenbetätigung, ausgefahrenen Landeklappen und Fahrwerksbetätigung: 300 km/h.

Das verstärkte Kabinengerüst der Verglasung mit den vier Überrollbügel. Die Verstärkung war notwendig, weil bei einem Überschlag des Flugzeugs, das Kabinengerüst eingedrückt wurde.
Foto Handbuch Me 210 Airbus Corporate Heritage

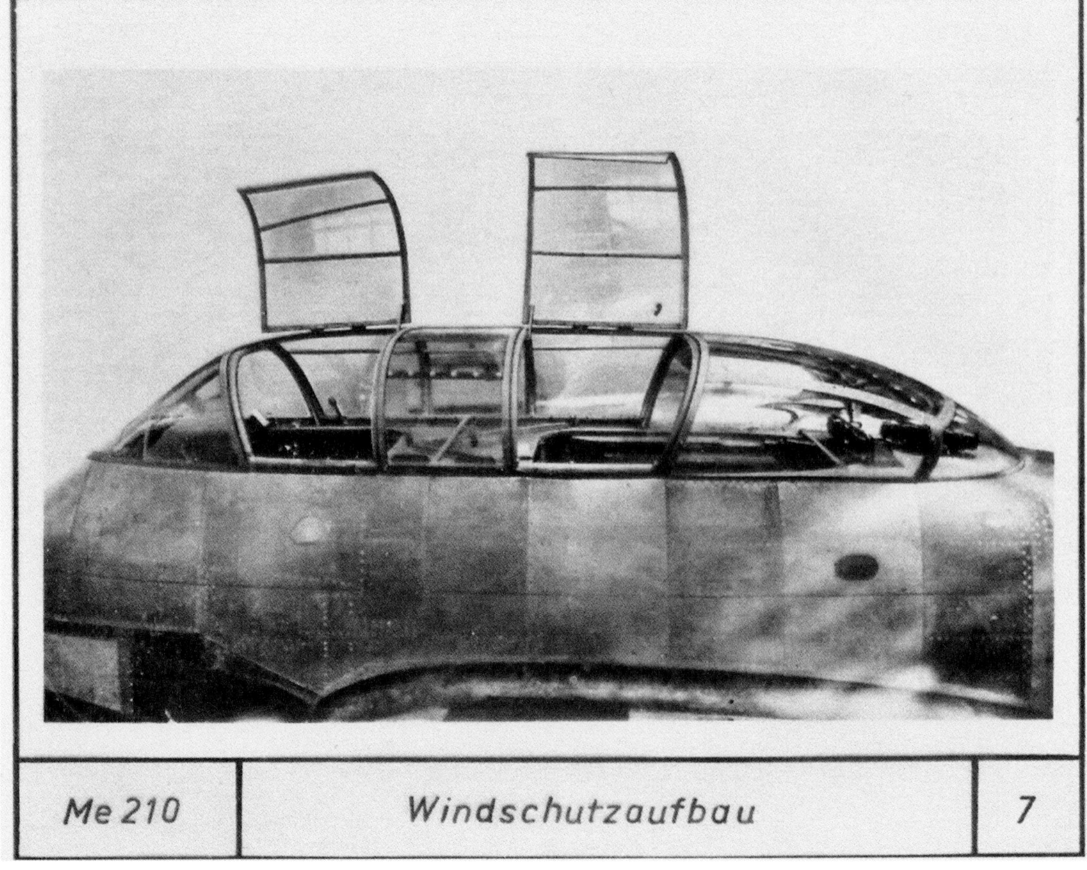

In dieser Aufnahme ist deutlich einer der vier Überrollbügel zu erkennen.

Foto Handbuch Me 210 Airbus Corporate Heritage

Arbeitsplatz des Flugzeugführers mit dem zweigeteilten Instrumentenbrett. Dadurch war eine bessere Sicht nach schräg vorne unten gegeben. Auch am Boden der Kabine befanden sich zwei Fenster. Damit war eine Sicht auf Angriffsziele möglich, sobald die Bombenklappen geöffnet wurden.

Foto Handbuch Me 210 Airbus Corporate Heritage

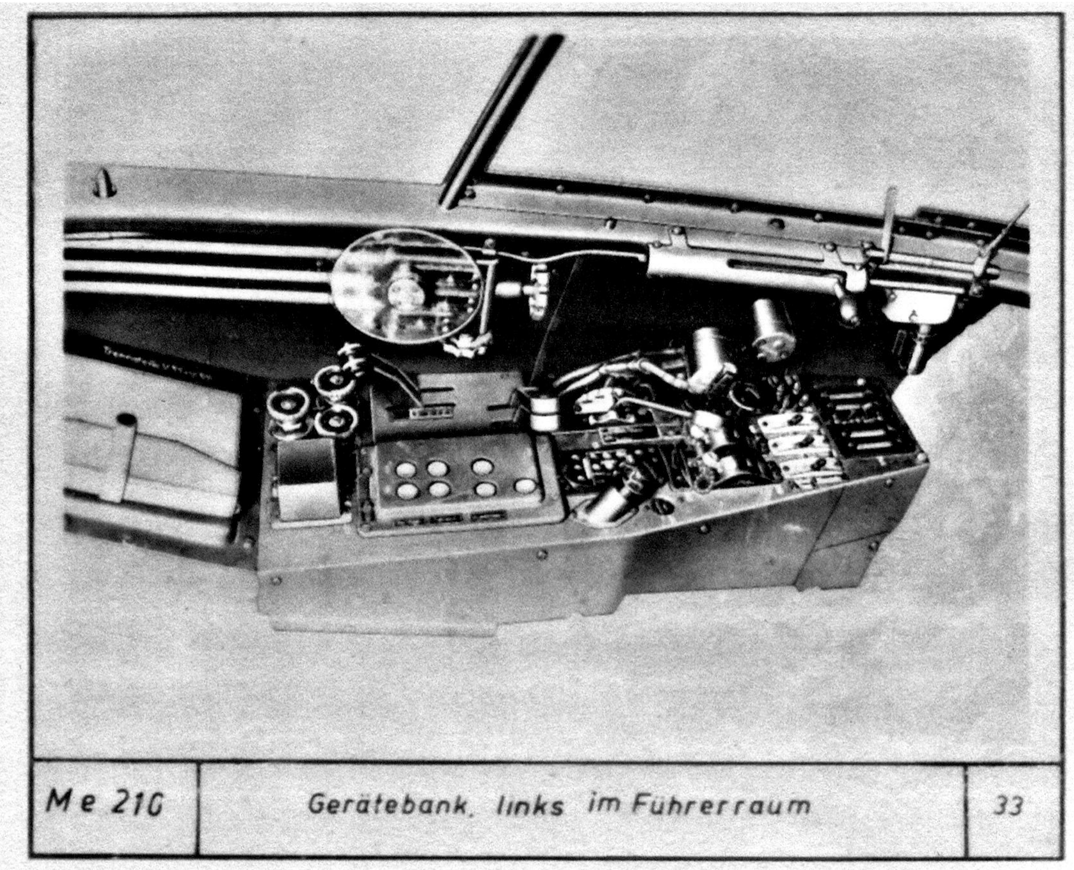

Die linke Gerätebank mit den Bedienanlagen für die Triebwerke, das Fahrwerk und die Bewaffnung.
Foto Handbuch Me 210 Airbus Corporate Heritage

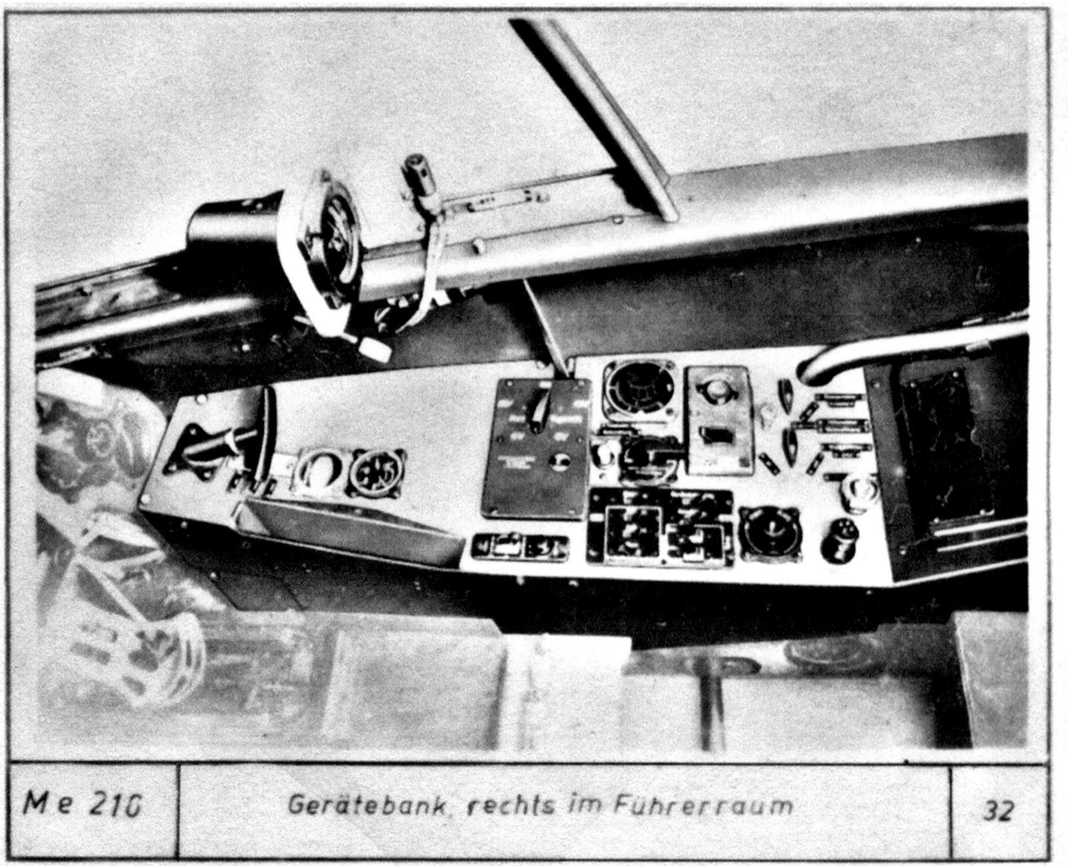

Auf der rechten Gerätebank befanden sich die Überwachung die Sauerstoffanlage, der Zünderschaltkästen für die Bomben, Schalter für Bombenklappen und die Bedieneinrichtungen für das Funkgerät 16 sowie Schalter für Beleuchtung. Darüber war ein Notkompass angebracht.
Foto Handbuch Me 210 Airbus Corporate Heritage

Im Kabinenbereich des Bordfunkers befand sich dieses Instrumentenbrett, auf dem er die Uhrzeit, die Flughöhe und die Geschwindigkeit ablesen konnte.

Foto Handbuch Me 210 Airbus Corporate Heritage

E. Flugwerk

a) **Rumpf:**

Der Rumpf hat elliptischen Querschnitt und ist in Schalenbauweise ausgeführt. Zur Erzielung einer glatten Außenfläche ist Versenknietung angewandt. Die aus plattiertem Duralblech bestehende Beplankung nimmt die Biege- und Verdrehungskräfte auf. Zur Versteifung dienen angebördelte Spanten und Längsprofile.

Der Rumpf ist aus den zwei Halbteilen Rumpfvorderteil und Rumpfhinterteil zusammengesetzt. Beide Rumpfteile bilden ausgerüstet für sich abgeschlossene Fertigungsgruppen, die miteinander an der Trennstelle verschraubt werden.

Rumpfvorderteil: Der Rumpfvorderteil umschließt den Führerraum; er wird durch zwei obere Seitenteile, zwei untere Seitenteile und den Sitz- und Waffenträger gebildet. Die beiden oberen Seitenteile sind mit dem Sitz- und Waffenträger und der Rumpfdecke zusammenvernietet. Die beiden unteren Seitenteile sind an die oberen Seitenteile angeschraubt. Die Seitenteile sind durch die Sichtfensterrahmen und Profile abgestützt. Am Rumpfvorderteil unten sowie am Hauptholm sind die Bombenklappen gelagert.

Rumpfhinterteil: Der Rumpfhinterteil besteht aus zwei zusammengenieteten Halbschalen, die aus Halbschüssen derart zusammengesetzt sind, dass abwechselnd ein glatter Halbschuss zwischen zwei mit beidseitig angebördelten Spanten versehene Halbschüsse zu liegen kommt. Zur Versteifung sind Längsprofile durch Durchbrüche in den angebördelten Spanten geschoben und mit der Schale vernietet.

b) **Fahrwerk:**
Das Fahrwerk besteht aus zwei gleichen Federbeinen mit je zwei Abstützstreben, die am Fahrwerksbock des Tragflächenmittelteils links und rechts gelagert sind, sowie aus dem in das Rumpfende einschwenkbaren Sporn. Das Einschwenken des Fahrwerks erfolgt hydraulisch nach hinten, wobei die Federbeine durch die kardanische Aufhängung am Fahrwerksbock so um ihre Hauptachse gedreht werden, dass das Fahrwerksrad in eingeschwenktem Zustand waagrecht im Tragwerk zu liegen kommt.

c) **Leitwerk:**
Alle Ruder sind gewichts- und luftkraftausgeglichen. Die Ausgleichsflettner des Höhen- und Seitenruders können zur Trimmung vom Führerraum aus verstellt werden. Sämtliche Ruder sind kugelgelagert und elektrisch überbrückt.
d) **Steuerwerk:** Die Höhen- und Quersteuerung ist als Handsteuerung (Knüppelsteuerung) ausgebildet. Das Seitenruder wird durch

Die Aufnahmen zeigen das Hauptfahrwerk und die Sequenz beim Einfahren des Fahrwerks. Dabei wird das Rad um 90° gedreht und kommt horizontal in der Tragfläche zum Liegen. Bei ausgefahrenem Fahrwerk sind die Radabdeckbleche geschlossen.
Foto Handbuch Me 210 Airbus Corporate Heritage

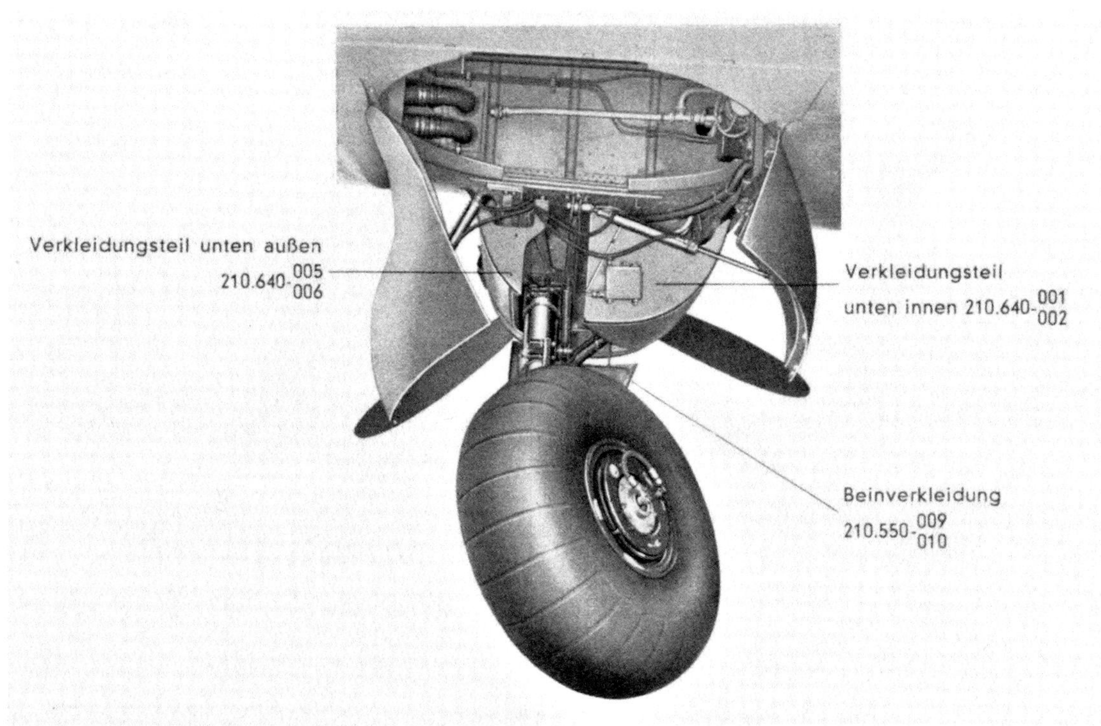
Verkleidungsteil unten außen
210.640-005/006
Verkleidungsteil
unten innen 210.640-001/002
Beinverkleidung
210.550-009/010

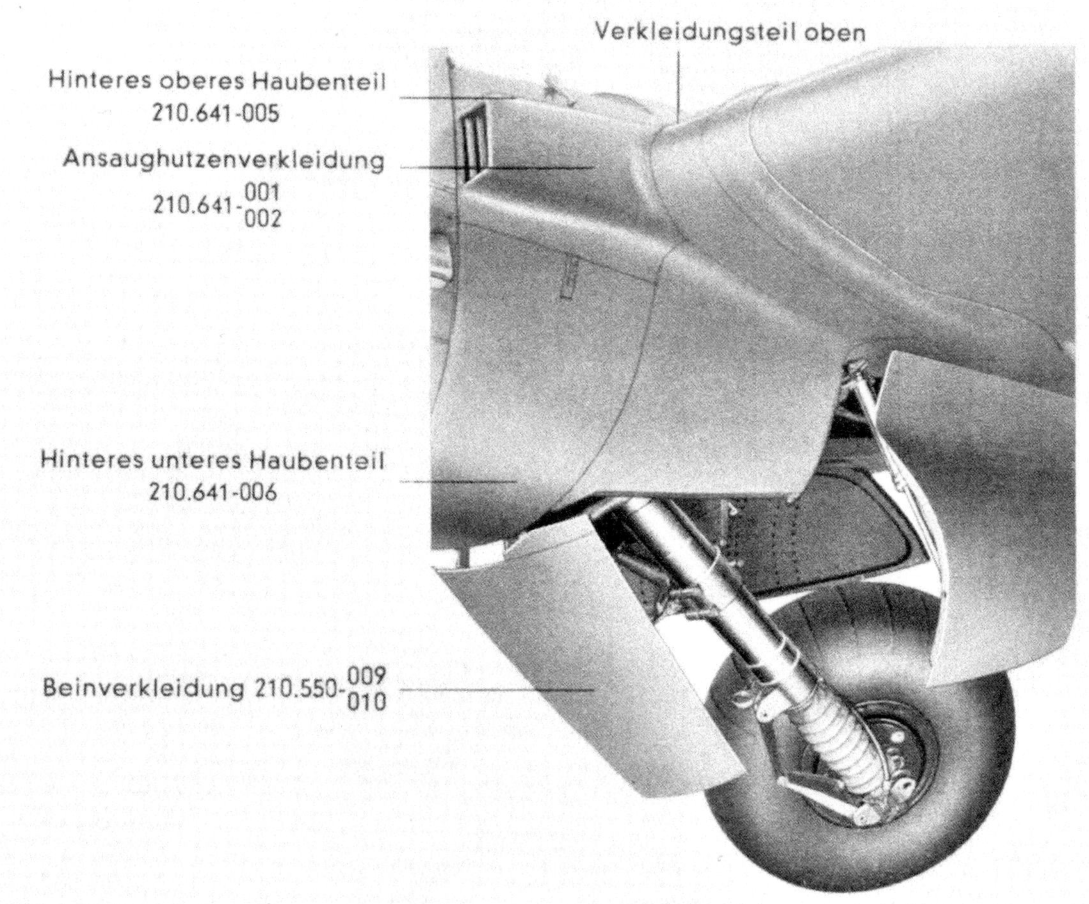
Verkleidungsteil oben
Hinteres oberes Haubenteil
210.641-005
Ansaughutzenverkleidung
210.641-001/002
Hinteres unteres Haubenteil
210.641-006
Beinverkleidung 210.550-009/010

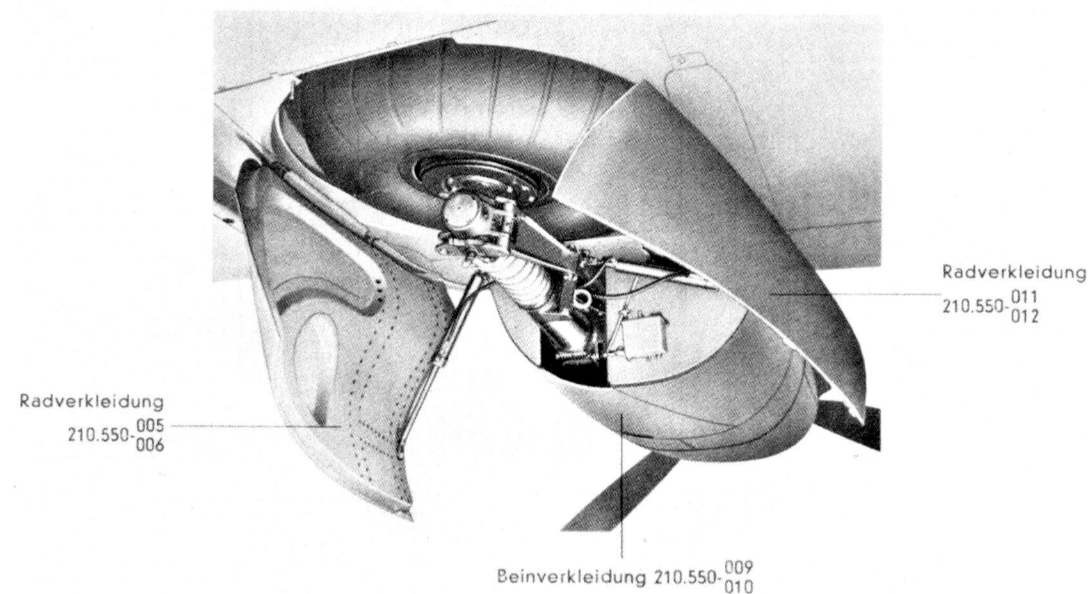

parallel geführte Fußhebel angetrieben. Zur Übertragung der Steuerkräfte werden Stoßstangen (mit festem Gabelkopf oder verstellbaren Gabelbolzen) und Seilzüge verwendet. Die Übertragungshebel sind kugelgelagert. Flettnersteuerung ist teilweise mit Gelenklagerung ausgerüstet. Sämtliche Gelenkteile der Steuerung sind elektrisch überbrückt.

Überwachungsinstrumente für das Triebwerk DB 601 F. Oben von links: Schmierstoff-Eintrittstemperaturmesser, Stellungsanzeiger für Verstell-Luftschraube, Kühlstoff-Austrittstemperaturmesser. Unten von links: Doppeldruckmesser für Kraft- und Schmierstoff und Drehzahlmesser.
Foto Handbuch Me 210 Airbus Corporate Heritage

e) **Tragwerk:** Das freitragende Tragwerk ist in Ganzmetallbauweise hergestellt und setzt sich aus dem Tragflächenmittelteil sowie den beiden Außenflächen zusammen. Die Tragflächentrennstellen befinden sich außerhalb der Motorgondeln. Der Holm ist durchlaufend durch den Rumpf ausgeführt.

F. Triebwerk

a) **Motoren:** Es sind zwei flüssigkeitsgekühlte Einspritz-Motoren von Daimler-Benz DB 601 F mit je zwei Zylinderblöcken zu je sechs Zylindern in V-Form unter 60° hängend angeordnet. Luftschraubenuntersetzung 1 : 1,875. Drehsinn der Kurbelwelle links, Drehsinn der Luftschraubenwelle rechts, in Flugrichtung gesehen.

Flughöhe km	Leistungstufe	Leistung PS	Drehzahl U/min	Ladedruck ata
0	Start- und Notleistung	1.395	2.700	1,42
0	Steig- und Kampfleistung	1.210	2.500	1,30
0	höchstzulässige Dauerleistung	1.000	2.300	1,15

b) **Flugleistungen:**

Verwendungszweck	Zerstörer
V max. in 0 m	463 km/h
V max. in Volldruckhöhe	564 km/h
Volldruckhöhe	5.400 m
Steigzeit auf 6.000 m	13 min
Reichweite in 6 km Höhe bei höchstzulässiger Dauerleistung	1.820 km

c) **Luftschrauben:** Verwendung finden VDM-Verstell-Luftschrauben mit elektrisch-mechanischer Verstellautomatik und einem Durchmesser von 3,4 Metern.

d) **Behälter:**
Sechs Kraftstoffbehälter sind im Tragwerk angeordnet.

auffüllbare Kraftstoffmengen		
vordere Behälter	Tragflächenmittelteil	2 x 410 l
hintere Behälter	Tragflächenmittelteil	2 x 630 l
äußere Behälter	Tragflächenaußenteil	2 x 170 l
gesamte Kraftstoffmenge		2.420 l
ausfliegbare Kraftstoffmenge		ca. 2.300 l

1. Schmierstoffbehälter: Zwei Schmierstoffbehälter sind zwischen Brandschott und Flächenholm angeordnet. Jeder Behälter ist mit ca. 70 l auffüllbar.
2. Kühlstoffbehälter: Zwei als Ringbehälter ausgeführte Kühlstoffbehälter sind an den Motorstirnseiten angebracht. Jeder Behälter ist mit ca. 15 l auffüllbar.
3. Einspritzbehälter: Zwei Einspritzbehälter für Anlasskraftstoff sind in den Fahrwerksräumen angeordnet. Fassungsvermögen: 0,5 l.
4. Druckölbehälter: Ein Druckölbehälter für die Hydraulikanlage ist im rechten Schmierstoffbehälterraum untergebracht. Der Behälter ist mit ca. 14 l auffüllbar.

G. Bordfunkanlage
Die Bordfunkausrüstung umfasst die Bordfunkanlage Funkgeräte FuG X, FuG 16, Bordpeilanlage Peil 5 und die Funklandeanlage FuBl 1.

Der Arbeitsplatz des Bordfunkers, unter anderem mit seinen Sender- und Empfangsgeräten für das FuG X und das Funkblindlandegerät FuBl 1.
Foto Handbuch Me 210 Airbus Corporate Heritage

H. Bewaffnung

Die Bewaffnung bestand aus zwei MG 17 und 2 MG 151/20 nach vorne feuernd und zwei MG 131 nach hinten gerichtet in seitlichen Lafetten.

Bombenlast: 8 x 50 kg, 2 x 250 kg, 2 x 500 kg oder 1 x 1.000 kg.

Me 210 | Richtstand für bewegliche Bewaffnung | 68

Hier zu sehen: der Steuerstand für die beiden nach hinten gerichteten MG 131.

Foto Handbuch Me 210 Airbus Corporate Heritage

Bedienstand für die beiden beweglichen MG 131 im Detail.
Foto Handbuch Me 210 Airbus Corporate Heritage

Abb. 16: Bediengeräte im Richtstand

a Richtstand
b Zurrgriff
c Verdunkler
d Durchladeknöpfe
e Revi 25 A
f Handgriff mit Abzug
g SZKK 2

Hier zu sehen: das linke MG 131.
Foto Handbuch Me 210 Airbus Corporate Heritage

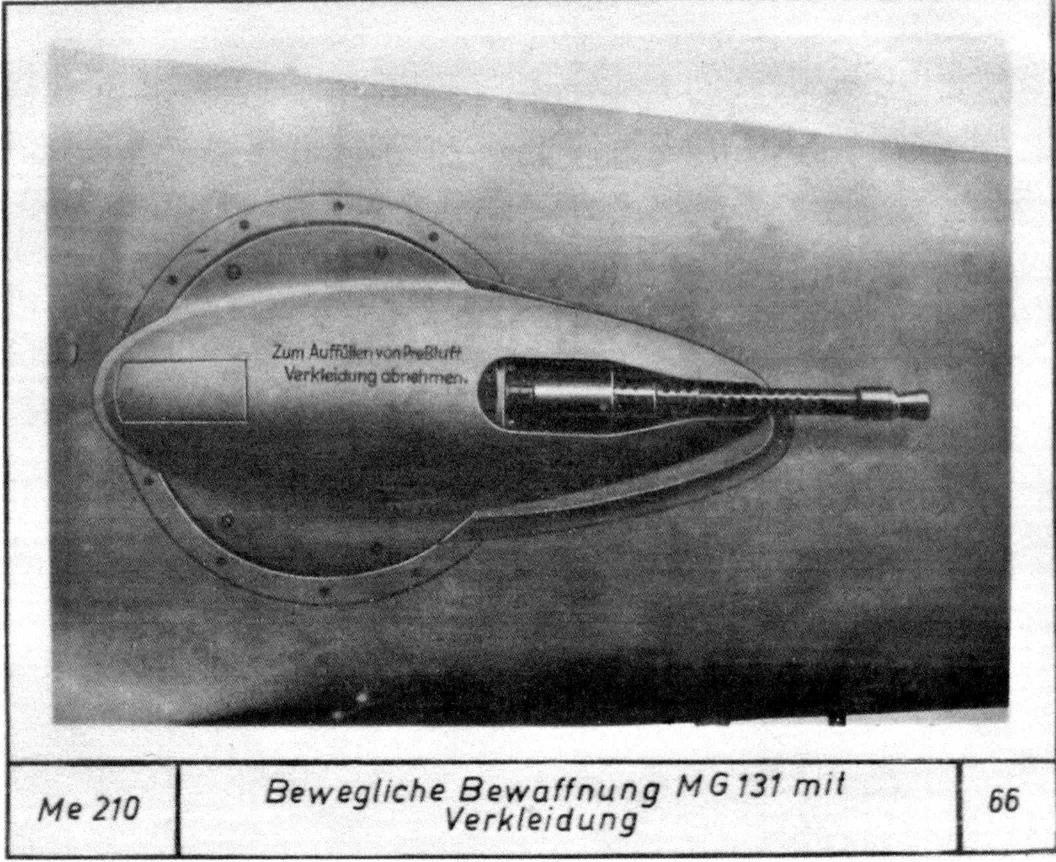

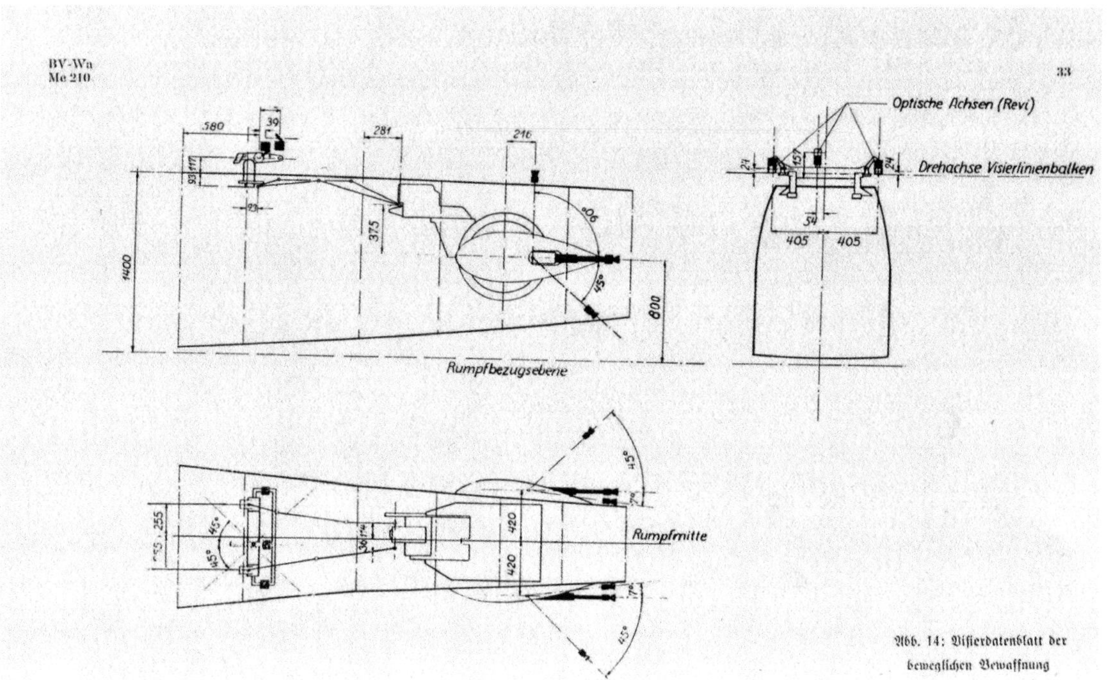

Anhand dieser Zeichnung ist der Schwenkbereich der beiden steuerbaren MG 131 zu ersehen.

Foto Handbuch Me 210 Airbus Corporate Heritage

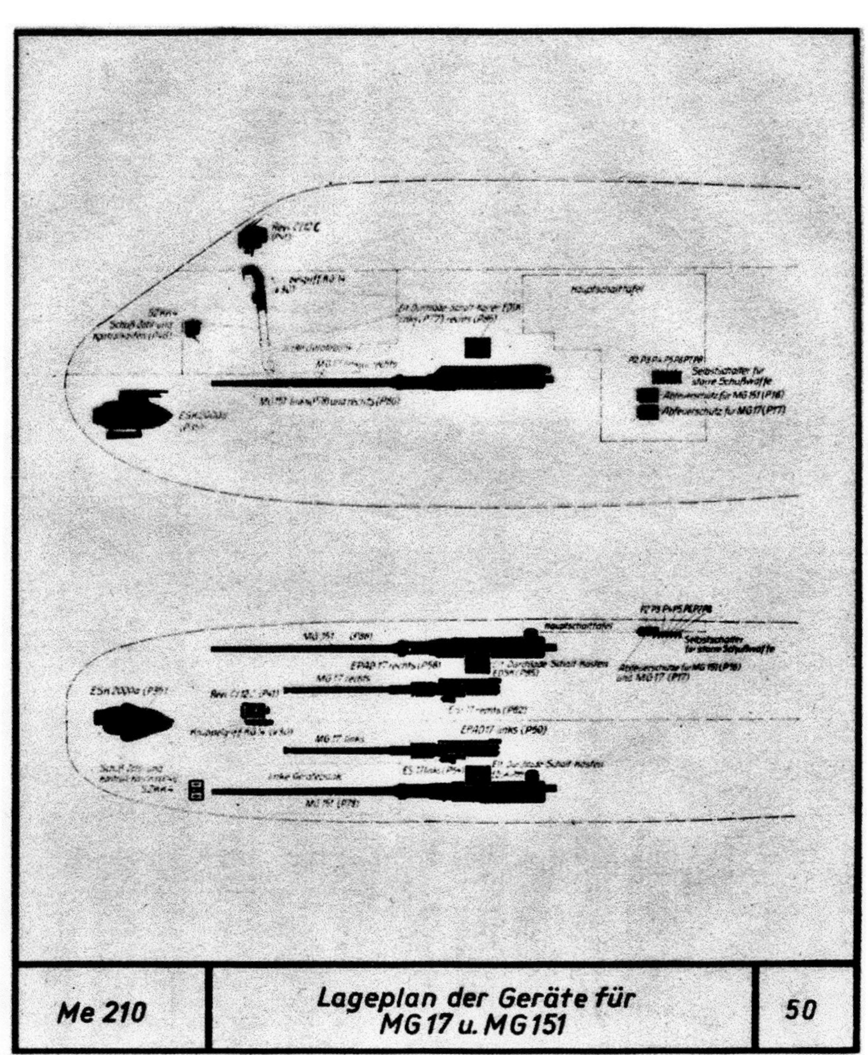

Darstellung, der starren Bewaffnung, bestehend aus zwei MG 17, Kaliber 7,92 mm, und zwei MG 151/20, Kaliber 20 mm.

Foto Handbuch Mc 210 Airbus Corporate Heritage

Verwendete Literatur:

- Bundesarchiv Band 50, Lutz Budraß, Flugzeugindustrie und Luftrüstung in Deutschland 1918-1945
- Heinz Mankau/Peter Petrick Bf 110-Me 210-Me 410
- Airframe Album 16, Richard A. Franks, The Messerschmitt Me 410 Hornisse (Me 210 & Me 310)
- Combat Aircraft 131, Robert Forsyth, Me 210/Me 410
- Die deutsche Luftfahrt, Band 17, Hans J. Ebert, Johann B. Kaiser, Klaus Peters, Willy Messerschmitt, Pionier der Luftfahrt und des Leichtbaues
- David Irving: Aus den Akten und Erinnerungen von Feldmarschall Erhard Milch

Verwendete Dokumente

- Handbuch der Me 210 Teil 0 bis Teil 9c
- Airbus Archiv: Bestand an technischen Dokumentationen, Handbüchern, Plänen zur Me 210 mit Berichten vom Einflugbetrieb und der Produktion, Schriftverkehr RLM und Messerschmitt
- Airbus Archiv: Fotos aus den Messerschmitt-Werken Augsburg und Regensburg, Stopp der Produktion
- Ernst Stilla: Die Luftwaffe im Kampf um die Luftherrschaft
- Berichte von Zeitzeugen
- Flugzeugbestandslisten: 16./KG 6, III./ZG 1 und 2./(F)122
- Meldungen Generalquartiermeister, Verlustlisten Me 210
- Unterlagen zur Me 410 F6+WK vom NASM in Washington, D.C.

Dokumente Me 210

Gruppe Aerodynamik

Geheim!

Allgemeines:

V 1 Die Arbeiten nach Erprobungsbericht Nr. 63 laufen noch.

V 2 1.) Sämtliche Ruder wurden erneut sorgfältigst ausgewuchtet.

2.) Nach dem Flug Nr. 165 wurde die normale Steuerungs-Kinematik wieder angebaut.

V 9 Die Arbeiten nach Erprobungsbericht Nr. 63 laufen noch.

Änderungen gegenüber den letzten Flügen:

1.) V 2. Sämtliche Ruder wurden erneut sorgfältigst ausgewuchtet.

2.) Anbau der alten normalen Steuerungs-Kinematik zum Flug Nr. 166.

I. Zustand:

	V1	V2	V9
Anzahl der bisher ausgeführten Flüge	161	164	12
Gesamtflugzeit bis 4.9.40	77 St.6'	82 St.d'	3St40'
Flüge in der Zeit vom 5.9.-11.9.40	-	2	-
Flugzeit vom 5.9.-11.9.40	-	1 St.02'	-
Fluggewicht	-	6000 kg	-
Schwerpunktslage	-	24,5%	-

II. Zweck der Flüge:

V 2. Höhenleitwerkserprobung.

III. Erprobung am Boden und Start-Vorbereitungen:

Nichts Besonderes.

IV. Start, Flug und Landung:

1.) Beim Flug Nr. 165 war das Ruderschütteln trotz der Beseitigung der Bleigewichte in den Ruderhörnern und sorgfältigstem Auswuchten noch vorhanden. Der Beginn des Auftretens der Schütteleerscheinungen hatte sich lediglich um etwa 20 km/h nach oben verschoben.

Der Beginn ist ausserdem abhängig von der jeweils eingetrimmten Flossenstellung und zwar schwankte er ebenfalls um etwa 10-20 km/h.

Es wurde ferner festgestellt, dass das Schütteln hauptsächlich bei einer Motordrehzahl von n = 2200 U/min auftritt.

Absturz der V-2 mit Flugkapitän Wendel.

Messerschmitt A.G. Augsburg	Erprobungsbericht Nr. 64 vom 5.9. - 10.9.1940.	Me 210 Blatt 2

2.) Zum Flug Nr. 166 war die erste Ausführung der Steuerungs-Kinematik wieder eingebaut worden, um einen evtl. Einfluss dieser Änderung zu klären.

Nachdem der Flugzeugführer bereits bis auf 605 km/h Anzeige gedrückt hatte, ohne dass Schüttelerscheinungen aufgetreten waren, kam das Leitwerk beim Gaswegnehmen zum Abfangen, vielleicht bei n =2200 U/min in kurzes, heftiges Schwingen, das sich bis zum Leitwerksbruch steigert.

Der Führer konnte mit dem Fallschirm aussteigen, die Maschine wurde restlos zerstört.

Kurze Besprechung der Ergebnisse und Änderungen:

Die Höhenleitwerksversuche werden zunächst an der V 9 weitergeführt. Da die Möglichkeit besteht, dass die Ruder-Ausgleichshörner die Ursache der Erscheinungen waren, werden diese entfernt und dafür an die Flosse ein fester Randbogen angesetzt.

Die bereits durchgeführte Änderung an der V 9 auf das kraftgesteuerte Flettner wird belassen.

Unter diesen Voraussetzungen wurde die Geschwindigkeitsbegrenzung mit v_a = 450 km/h festgesetzt.

Augsburg, den 17.9.40.
Fl.Erpr.-Wö/So.

Wöckner
Sachbearbeiter

Caroli
Abt.-Leiter.

Verteiler:

TLM
RLV
Probü 2x
Kobü
Stabü

Absturz der V-2 mit Flugkapitän Wendel.

15. Jan. 1940 - 8

Der Reichsminister der Luftfahrt
und Oberbefehlshaber der Luftwaffe

Gilt als Abschrift

Berlin W 8, den
Leipziger Str. 7
Fernsprecher: 12 00 47
Drahtanschr.: Reichsluft Berlin

334

LC 2 Nr. 4167/40(III)

(Bitte in der Antwort vorstehendes Geschäftszeichen, das Datum und kurzen Inhalt angeben.)

An die
Messerschmitt A.G.
Augsburg
Haunstetterstr. 118

Betr.: Serienbau Me 210

In den technischen Richtlinien, die zur Entwicklung des Flugzeugmusters Me 210 führten, wurde als erwünschte Grenze für den Baustundenaufwand 10 000 Stunden angegeben. Das inzwischen eingereichte Angebot über die ersten 6 Lose mit insgesamt 462 Serienflugzeugen gibt zu erkennen, dass dieser erwünschte Wert von 10 000 Stunden auch beim 462. Flugzeug noch keineswegs erreicht ist, obwohl die Anlaufkurve für den Serienbau in diesem Bereich schon sehr flach verläuft. Bei gelegentlichen Besuchen meines Sachbearbeiters in Augsburg wurde durch Herrn Prof. Messerschmitt wiederholt versichert, die Höchstgrenze von 10000 Stunden sei mit großer Wahrscheinlichkeit zu erreichen.

In einer Besprechung zwischen Vertretern des RLM, der Bauaufsicht und der Messerschmitt A.G. zum Angebot 87/39 auf Entwicklung und Bau von V 1 und V 4 der Me 210 wurde von Seiten der Firma ausdrücklich darauf hingewiesen, dass die Entwicklunglungskosten dieser V-Muster ungewöhnlich hoch ausfallen mussten, da einerseits der Termindruck die Herstellung nahezu serienreifer Unterlagen von vornherein erforderte, andererseits der erwünschte Bauaufwand von 10 000 Stunden nur unter Inkaufnahme entsprechender Entwicklungskosten und Vorrichtungskosten zu erreichen sei.

- 2 -

Brief von Göring an Messerschmitt.

- 2 -

Das RLM hat damals Ihre Gründe gebilligt und daher das o.a. Angebot genehmigt. Die Voraussetzungen für die Genehmigung des Angebotes sind nunmehr entfallen, sofern Sie nicht im Stande sein sollten, eine befriedigende Erklärung für den sich aus dem Angebot über die ersten 462 Serienflugzeuge ergebenden Verlauf der Anlaufkurve zu geben.

Ich bitte daher um eingehende Stellungnahme zum vorliegenden Schreiben und bitte dieser Stellungnahme folgende Anlagen beizufügen:

1.) Baustundenaufwand der einzelnen Arbeitstakte in Ergänzung zu den im Dezember 39 übergebenen Durchlauf- und Belegungsplänen.

2.) Terminplan für Konstruktionsunterlagen der bei der Besprechung am 15.12. in Augsburg vorgelegt wurde.

Im Auftrage

1 Anlage
Durchschl. f. BAL

Brief von Göring an Messerschmitt.

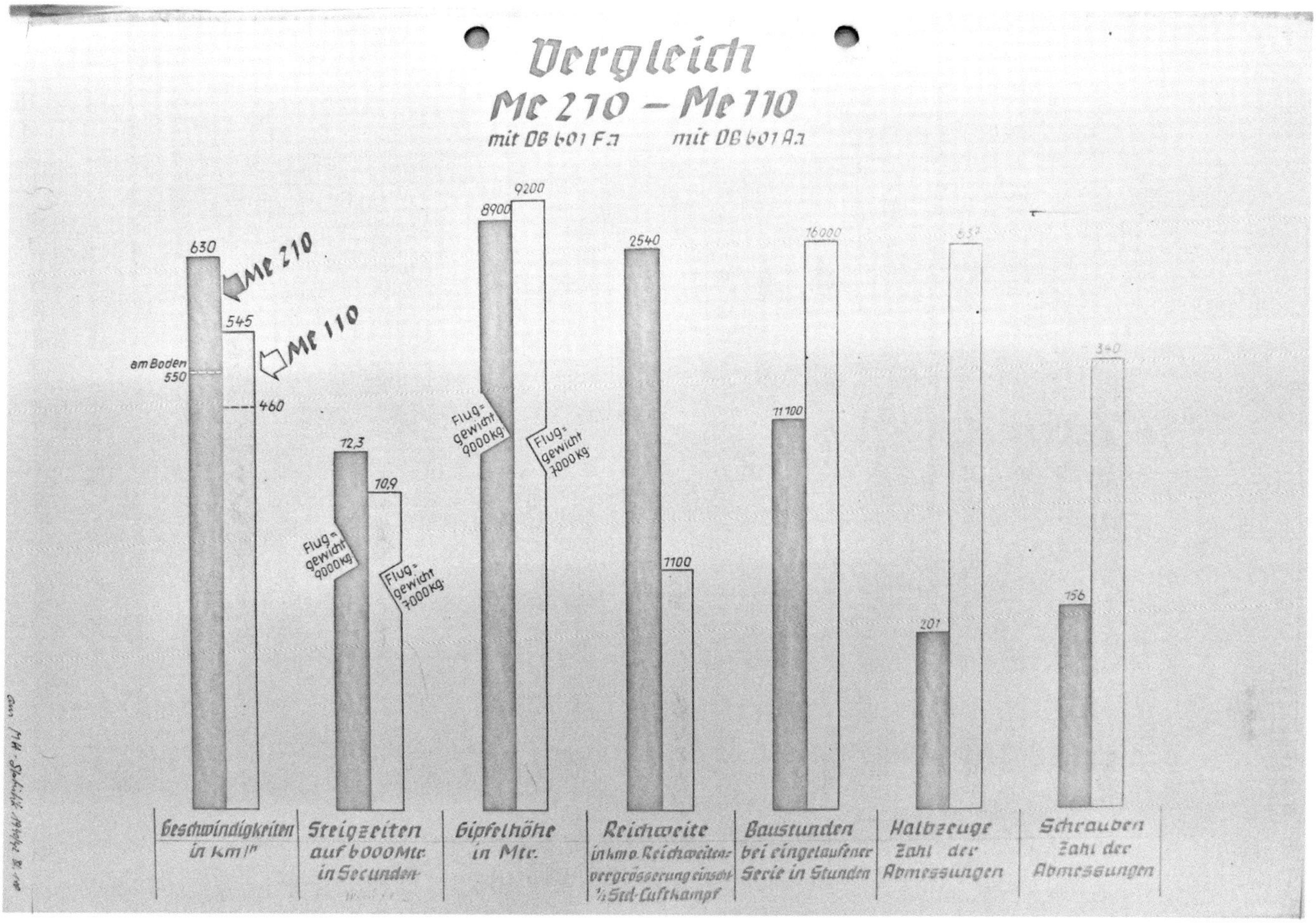

Vergleich
Me 210 – Me 110
mit DB 601 F.a mit DB 601 A.a

630
Me 210
545
Me 110
am Boden 550
460
72,3
10,9
Flug-gewicht 9000 kg
Flug-gewicht 7000 kg
8900
9200
Flug-gewicht 9000 kg
Flug-gewicht 7000 kg
2540
1100
11 100
16000
201
340
156

Geschwindigkeiten in km/h
Steigzeiten auf 6000 Mtr. in Secunden
Gipfelhöhe in Mtr.
Reichweite in km o. Reichweiten-vergrösserung einschl. ½ Std-Luftkampf
Baustunden bei eingelaufener Serie in Stunden
Halbzeuge Zahl der Abmessungen
Schrauben Zahl der Abmessungen

Im Bild: Flugkapitän Trenkle, der den Einflugbetrieb für die Me 210 in Regensburg leitete.

Bericht

über den Stand der gesamten Serienvorbereitungsarbeiten Me 210 vom 15.7.40

1. Flugeigenschaften.

240

a) Seitenleitwerk.

Ruderwirkung in Ordnung (wie bei BF 110 C)
Ruderkräfte in Ordnung (kleiner als BF 110 C)

b) Höhenleitwerk.

Ruderwirkung in Ordnung.
Ruderkräfte noch zu gross (etwa BF 110 C, bei kleinen Geschwindigkeiten kleiner, bei hohen Geschwindigkeiten etwa BF 110 C). Wird durch Änderung des Luftausgleichs noch herabgesetzt, soweit dies möglich ist, durch Austauschen von Endkappen.

c) Querruder

Ruderwirkung in Ordnung (wenig geringer als bei BF 110 C).
Ruderkräfte in Ordnung (geringer als bei BF 110 C).

d) Stabilität für gesamten Schwerpunktsbereich.

Querachse im Horizontalflug in Ordnung, im Steigflug schwach.

Um Hoch- und Längsachse in Ordnung.

e) Abkippeigenschaften

In Ordnung sowohl mit als ohne Vorflügel.
E'Stelle kann entscheiden, ob Vorflügel wegfallen soll.

f) Sturzflugeigenschaften.

Mit und ohne Sturzflugbremse, mit offener und geschlossener Bombeklappe in Ordnung.

- 2 -

Stand der Serienvorbereitungen.

- 2 -

241

Zielanflugeigenschaften sehr gut.

Abfangautomatik noch nicht eingebaut; einfachere Automatik als bisher üblich in Vorbereitung. Die Sturzflugbremse ist dynamisch in Ordnung, funktionsmässig nicht in Ordnung. (Fährt nur bei kleinen Geschwindigkeiten ein, die tech - nische Verbesserung wird getrennt auf dem Versuchsstand durchgeführt.)

g) Start- und Landeeigenschaften.

Start- und Landeeigenschaften sind in Ordnung.

2. Flugleistungen.

Flugleistungen sind nicht endgültig erflogen, da noch kein Triebwerk endgültiger Leistung zur Verfügung steht. Die mit Ausweichmotoren DB 601 B-F erflogenen Leistungen entsprechen nach Umrechnung den Angebotsleistungen.

3. Allgemeiner Erprobungsstand

Mit V 1 sind 71 Flugstunden und 144 Starts
mit V 2 56 Flugstunden und 124 Starts erflogen.

Ausserdem sind V 3 und V 4 eingeflogen.
Die während des Flugbetriebs aufgetretenen Mängel sind laufend beseitigt worden und in den Serienunterlagen berücksichtigt.

a) Zelle
Die aufgetretenen Störungen der hydraulischen Geräte, die einige Male zu glatten Bauchlandungen führten (Reparaturdauer 1 1/2 bis 2 Tage) waren auf technische Mängel der Anlage zurückzuführen.

b) Triebwerk

Kühlergütegrad erflogen, Kühlergrösse für 0-Serie dementsprechend berichtigt.

Ansaughutze (Volldruckhöhe) noch nicht in Ordnung; wird aus neuen Erfahrungen mit der BF 109 F durch weitere Flugerprobung in Ordnung gebracht.

Erprobung der geschützten Tanks steht noch aus. (Erstmals V 9, die diesen Monat flugklar ist).

Wir schlagen Verwendung 3-flügeliger Luftschrauben mit Metallblättern vor, da nach bisherigen Flugversuchen Leistungen mit Holzblättern geringer.

DB 601 F endgültiger Motor ist noch nicht erflogen. Das Parallelmuster 601 E macht noch Schwierigkeiten.

c) Ausrüstung

Starre Bewaffnung in V 4 am Boden beschossen und in Ordnung

Abwurfwaffe.

Belade- und Auslöseversuche mit 500 und 1000 kg Bomben am Stand ausgeführt; Anlage in Ordnung.

Bewegliche Bewaffnung (Borsigstände). Erprobung in V 3 läuft in Tarnewitz.

Funktionserprobung sämtlicher Waffen im Flug steht noch aus.

FT-Vorerprobung wurde in V 4 ausgeführt und ist in Ordnung. Endgültige Erprobung mit Serien-Mustereinbau erfolgt in V 8.

- 4 -

Die nachträglich geforderten FuG 16 und FuG 25 sind noch nicht eingebaut.

4. Bauzustand der V - Maschinen

Für die Flugeigenschaftsnacherprobung wird die V 9 vorgesehen, da sie erstmals Serienleitwerk und Serientriebwerk hat (V 2 hat behelfsmässig ausgeführtes zentrales Leitwerk.)

V 9 entspricht fliegerisch ganz der Serie, in vielen anderen Teilen ebenso dem Serienzustand.

V 5 - V 8 werden auch auf zentrales Leitwerk umgerüstet.

V 10- V 16 gelten als 0-Serien-Flugzeuge und werden vollständig nach Serienunterlagen gebaut und laufen in Anschluss an V 9 fertiggestellt.

5. Stand der Arbeiten für Serie

a) Konstruktion

An Bauunterlagen stehen noch aus:

1. Kabinenrückteil.
   Am Kabinenrückteil sind Änderungen zu erwarten, wegen der Visiereinrichtung.
2. Abfangautomatik.
   Abfangautomatik ist in Konstruktion.
3. Rumpfflügelübergang.
   Endgültiger Rumpfflügelübergang ist noch in Konstruktion, da in Erwägung steht, zusätzliche Geräte dort unterzubringen.
4. Sturzflugbremse.
   Wird auf dem Versuchsstand funktionsmässig serienreif gemacht.
5. Ansaughutze.
   Die Ansaughutze wird mit dem Flugbetrieb zusammen serienreif gemacht.

- 5 -

Bauunterlagen werden laufend berichtigt.
Die Teile werden so konstruiert, dass Änderungen an Nachbauteilen nicht notwendig werden.

Der Einbau der nachträglich geforderten Geräte Fug 16, Fug 25 und BZA muss nach Funktionserprobung in Form von Zusatzgruppen (ähnlich Bombenanlage BF 1o9 BF 11o) durchgeführt werden.

b.) Betriebsmittel .

Die Beschaffung der Betriebsmittel macht, wie zu erwarten war, Schwierigkeiten, die jedoch nicht zu einer Verzögerung der Serie führen.

Für die Beschaffung der Betriebsmittel der oben ausgeführten, noch in Konstruktion befindlichen Teile, werden Sondermassnahmen getroffen.

c.) Beschaffung von Geräten .

Die Planung der Gerätebeschaffung ist in Ordnung.
Die Beschaffungslage der Geräte, Halbzeuge, Fertigteile und Normteile ist klar bis auf den Beschaffungsumfang der Fa.Focke-Wulf, Weser und Miag. Insbesondere ist eine Klärung über die Beschaffung der Teile noch wichtig, die die Firmen Focke-Wulf und Weser als Zentralhersteller übernommen haben und für die ein Ersatz vorläufig nicht gefunden ist, sodass diese Frage unter Umständen den gesamten Anlauf gefährdet.

15.7.4o
TDM/Mtt./Mo.

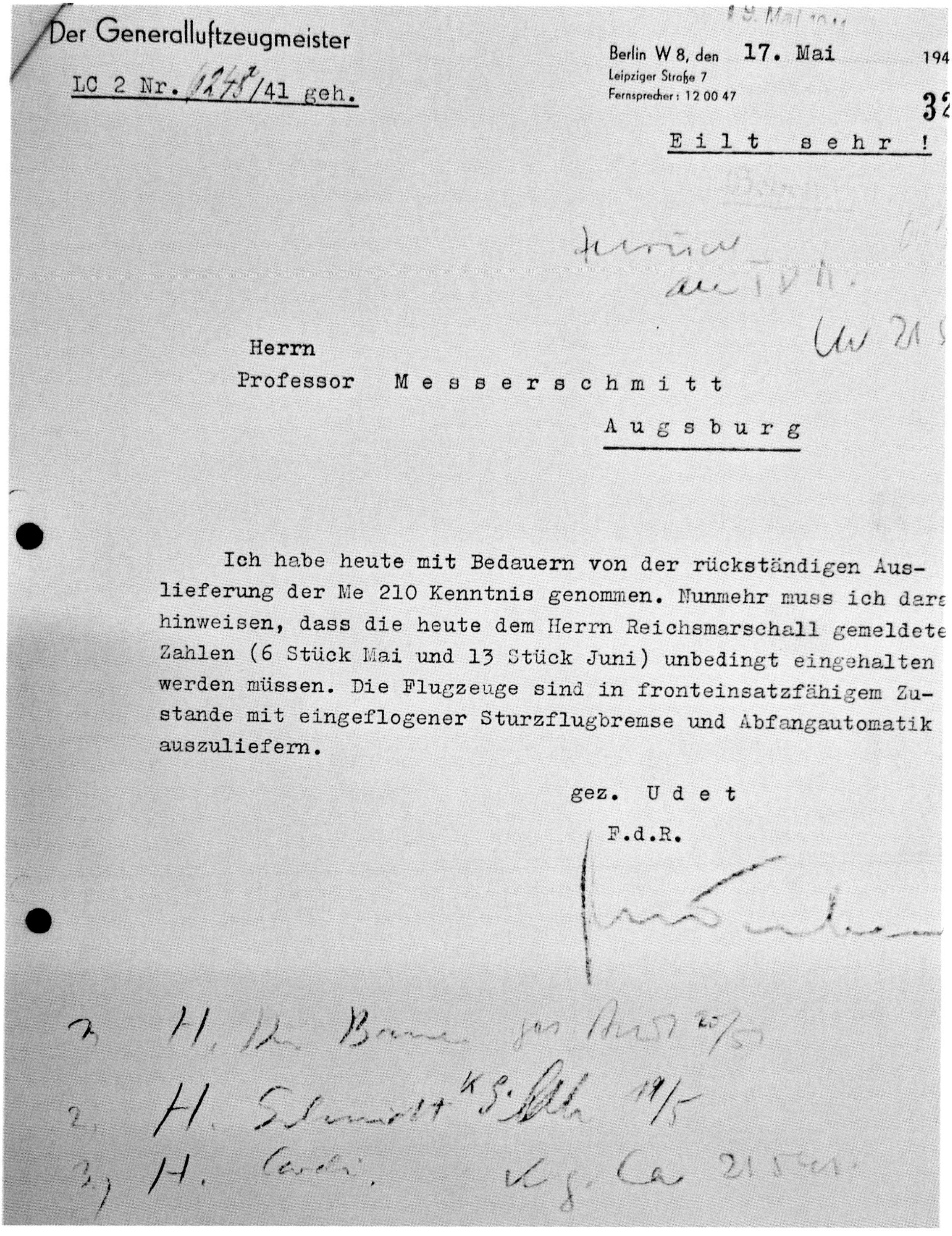

Der Generalluftzeugmeister

LC 2 Nr. 1245/41 geh.

Berlin W 8, den 17. Mai 194
Leipziger Straße 7
Fernsprecher: 12 00 47

Eilt sehr!

Herrn
Professor Messerschmitt
Augsburg

Ich habe heute mit Bedauern von der rückständigen Auslieferung der Me 210 Kenntnis genommen. Nunmehr muss ich dara hinweisen, dass die heute dem Herrn Reichsmarschall gemeldete Zahlen (6 Stück Mai und 13 Stück Juni) unbedingt eingehalten werden müssen. Die Flugzeuge sind in fronteinsatzfähigem Zustande mit eingeflogener Sturzflugbremse und Abfangautomatik auszuliefern.

gez. Udet

F.d.R.

Brief des Generalluftzeugmeisters Udet an Professor Messerschmitt vom 17. Mai 1941.

Messerschmitt AG. Augsburg	Protokoll	Me 210	Nr. 160
		Datum: 5.6.1941	

Muster: Me 210

Betrifft: 1.) Einführung des Industrie-Rates
2.) Technischer Stand Me 210 bezüglich Serienauslieferung

Verteiler:

Anwesend:
Gen.Oberst Udet
Obersting. Reidenbach
Oberstabsing.Fischer
Oberstabsing.Francke
Oberstabsing.Meier
Flugbaumeister Malz
Flugbaumeister Neidhart
Major v.Barnekow
Dir. Werner /Auto-Union
Harten " "
Prof.Messerschmitt Mtt.AG.
Dir.Hentzen "
Betriebsl.Schmidt "
Hederer "
Caroli "
Belz "
Börger Beese, zeitweise

Lfd.Nr.	Text	Bearbeiter Termin	Bemerkungen
	Einleitend führte Herr Gen.Oberst Udet die Herren Dir.Werner und Harten vom Industrierat ein und umriss ihre näheren Aufgaben.		
	Sodann wurde der technische Stand der Me 210 besprochen.		
1.	Es hat sich gezeigt, dass die Me 210 um die Hochachse pendelt, wodurch ein genaues Zielen beim Schiessanflug in Frage gestellt ist. Mtt.AG. wird durch serienmässiges Anbringen von Abreiß-kanten am Kabinendach dafür sorgen, dass diese Erscheinung beseitigt wird. Die Zentralhersteller der Kabine sind entsprechend zu verständigen, damit Nachschubkabinen im gleichen Zustande ausgeliefert werden.		

-2-

Stand zur Serienauslieferung der Me 210 mit Stand vom 5. Juni 1941.

Fortsetzung zu: Protokoll Nr. 160 v. 5.6.1941 Blatt: 3

lfd Nr.	Text	Bearbeiter. Termin	Bemerkungen
	Serienanlauf in Kauf genommen werden könnten, dass aber Mtt.AG. unter allen Umständen dafür sorgen muss, daß diese ab einer bestimmten Werk-Nr. herabgesetzt werden.		
3.	Mtt.AG. gab bekannt, dass seitens K.G. 210, Herr Major Storp, eine Erhöhung der Schieberollmomente verlangt würde. Herr Oberstabsing. Francke sprach sich ganz entschieden dagegen aus, da dadurch die Blindflugeigenschaften des Flugzeuges verschlechtert würden. Bei dieser Gelegenheit erklärte Herr Gen.Oberst Udet, dass für den technischen Stand der Flugzeuge einzig und allein GL verantwortlich sei und dass auch dementsprechend von GL als einzige Stelle der technische Stand der Flugzeuge festgelegt würde.		
4.	Seitens der E'Stelle wird darauf hingewiesen, dass das Muster Me 210 sowohl bei Start, als auch bei Landung stark zum Ausbrechen neigt. Seitens Herrn Caroli, Mtt.AG., wird angegeben, dass die Firmenflugzeugführer diese Ansicht bestätigen, (besonders auf welligem Boden). Die bisher getroffenen Maßnahmen (Fesslung des seitlichen Fahrwerksanschlages) haben, wie die Bruchlandung Me 210 V 13 zeigt, diesen Mangel nicht beseitigen können. Seitens der RLM-Vertreter wird die Ansicht vertreten, dass dieser Mangel auch nicht durch irgendwelche Änderungen der Vorspur		

-4-

Fortsetzung zu: Protokoll Nr. 160 vom 5.6.1941. Blatt: 4

Lfd.Nr.	Text	Bearbeiter. Termin	Bemerkungen
	beseitigt werden kann. Vielmehr glauben die RLM-Vertreter, dass eine Beseitigung mit grösster Wahrscheinlichkeit durch eine Rumpfverlängerung möglich sein wird. Herr Prof. Messerschmitt ist gegenteiliger Ansicht, da Flugzeuge von geometrisch kleiner Abmessung, wie bei Me 210, mit zentralem Leitwerk und gleichsinnig laufenden Luftschrauben, die auftretenden Momente nicht aufnehmen können. Da eine Rumpfverlängerung jedoch aus allgemeinen Eigenschaftsgründen auf jeden Fall gewünscht wird, führt Mtt+AG. sofort mustermässig eine Rumpfverlängerung durch.		
	Herr Gen.Oberst Udet verlangt, dass für zu erwartende Ausfälle bei der Truppe unbedingt eine Lösung vorhanden ist.		
5.	Auf Grund neuerer Untersuchungen der E'Stelle, die ergeben haben, dass bei der Me 110 die Vorspur keinen grossen Einfluss auf Start- und Landeeigenschaften des Musters hat, dagegen der Reifenverschleiss mit zunehmender Grösse die Vorspur enorm wächst, verlangt Herr Obersting. Reidenbach, dass bei Neukonstruktionen die Fahrwerke möglichst ohne Vorspur projektiert werden.		
6.	Die Erprobung der Kurssteuerung seitens der E'Stelle hat ergeben, dass diese in Ordnung ist. Genaue Abnahmedaten für die Serie müssen von der E'Stelle Rechlin noch festgelegt werden.		

		Termin	Bemerkungen
	Triebwerk		
7.	Herr Gen.Oberst Udet stellt die Frage, ob die Ursache der bisher aufgetretenen Triebwerksbrände bekannt ist. Mtt.AG. glaubt, dass infolge Wärmestauungen an der Auspuffabdeckung der Brand hervorgerufen wird und hat als Abhilfemaßnahme eine Belüftung des Auspuffes zusätzlich durchgeführt. Seitens der BAL wird darauf hingewiesen, dass, wie auch im Prüfbericht festgelegt, die Gefahr des Durchscheuerns auch bei Kraftstoffleitungen vorhanden ist. Mtt.AG. macht geltend, dass es ihr bisher wegen der verschiedenartigen Ausführungen der Motoren noch nicht möglich war, ein Mustertriebwerk, bei dem eine absolut einwandfreie Verlegung der Leitungen vorhanden ist, auszuführen. Da nicht bekannt ist, ab wann die Triebwerke ihren endgültigen Serienzustand erreichen, muss für die vorhandenen Triebwerke die Leitungsverlegung fotografisch genau festgehalten werden, damit die Truppe bei Triebwerkswechsel die bestmögliche Leitungsverlegung durchführt. Mtt.AG. weist ferner darauf hin, dass in letzter Zeit bei Muster Me 110 vier Triebwerksbrände aufgetreten sind, angeblich auf Funkenbildung im Entstörgeschirr infolge mangelhaften Isolationsmaterials beruhend. Da den RLM-Vertretern diese Fälle nicht bekannt sind, wird LC 2 bei GL 6 eine Nachprüfung veranlassen.		

-6-

lfd Nr	Text	Bearbeiter Termin	Bemerkungen
	Die vom RLM gestellte Frage, ob die Kühler ausreichend bemessen sind, wurde von Mtt.AG. folgendermaßen beantwortet: Wasserkühler so ausreichend bemessen dass er auch für die Tropenverwendung genügt. Ölkühler ebenfalls überbemessen, bedarf aber noch einer Vergrösserung für den Tropeneinsatz. Die von Herrn Flugbaumeister Malz gestellte Frage, ob die von Daimler-Benz etwa am 8.5.41 angekündigten grösseren Wärmemengen im Ölumlauf bereits damit erfasst seien, wurde von Herrn Prof.Messerschmitt dahingehend beantwortet, dass hierfür eine Ölkühlervergrösserung nicht erforderlich sei da eine verbesserte Ölpumpe zum Einbau gelangt.		
8.	Die von Daimler-Benz vorgeschlagene Ansaughutze kann aus aerodynamischen Gründen nicht verwendet werden. Es tritt an ihre Stelle eine Abdeckung der Strahldüsen, mit der im Messflug eine annähernd gleiche Volldruckhöhe wie mit der DB-Ansaughutze erreicht wird. Hiermit wird eine Volldruckhöhe von 5,5 bis 5,8 km im Horizontalflug erreicht. Zur Erhöhung der Volldruckhöhe wird Mtt.AG. eine verbesserte Ansaughutze entwickeln. Zum Serienanlauf kommt die Auspuffstutzenabdeckung, die bereits an den ersten Flugzeugen durchgeführt ist.		

	Termin	Bemerkung
Für den Nachteinsatz soll Mtt.AG. möglichst umgehend ein Muster (ähnlich wie Ju 88) mit geeigneter Auspuffabdeckung erstellen.		
Bei der am 29.5.41 bei DB stattgefundenen Besprechung, betreffend Triebwerksfragen Me 109 F und Me 210, wurde nach Angabe von Mtt.AG. festgestellt, dass beim Flugzeugmuster Me 210 ausreichende Öldrücke vorhanden sind. Aufgrund des bei der Besprechung aufgenommenen DB-Protokolls, sollen die Drücke, Temperaturen usw. für Die Abnahme des Flugzeugmusters Me 210 festgesetzt werden.		
9. Bei ausgefahrener Sturzflugbremse ist die Unruhe der Höhenflosse durch inzwischen an Werk-Nr. 104 durchgeführte Versteifung an der Kühlerklappe, nach Angabe von Herrn Caroli Mtt.AG., beseitigt.		
Herr Oberstabsing. Francke stellte im Flug mit der Werk-Nr. 104 fest, dass die Unruhe am Höhenleitwerk bei ausgefahrener Sturzflugbremse immer noch sehr unangenehm bemerkbar ist. Mtt.AG. versucht, durch Weglassen einer Sprosse, wie bei V 2, diese Unruhe zu beseitigen. Welche Herabminderung der Bremswirkung sich daraus ergibt, muss noch durch Flugversuche festgestellt werden.		
Die in den Technischen Richtlinien geforderten Sturz-Endgeschwindigkeiten werden mit dieser Bremse noch überschritten. Die Vergrösserung der		

		Termin	Bemerkungen
	Bremse soll so bemessen werden, dass bei 70° Sturzwinkel und 8,5 to Fluggewicht eine wirkliche Endgeschwindigkeit von 600 km/h nicht überschritten wird.		
10.	Abfangautomatik. Die im Serienanlauf eingebaute Abfangautomatik ist so bemessen, dass 2 g in weniger als 1 sec erreicht werden. Die vomRLM mit Protokoll Me 210 Nr. 147 v. 10.4.41 geforderte Bedingung, dass 4 g in 2 sec für den Serienanlauf erreicht werden, ist hiermit nicht erfüllt. Um jedoch die Auslieferung der ersten Serienflugzeuge nicht zu stören, werden die ersten 31 Flugzeuge mit der Abfangautomatik (2 g kleiner als 1 sec) ausgeliefert. Das nachträgliche Umrüsten der endgültigen Abfangautomatik auf den mit Protokoll Nr. 147 geforderten Stand wurde seitens Mtt.AG. zugesagt. Auf Wunsch von Herrn Gen.Oberst Udet ist die Unterbringung der Roste 24 SD 2 zu untersuchen (die Forderung wurde bereits früher von LC 2 gestellt).	Diese 31 Flugzeuge sind zuviel. MTT muss mit allen Mitteln bemüht sein, die Zahl herabzusetzen. Meldung bis 15. an C 2 Cq.	Diese 31 Flugzeuge sind zuviel. MTT mu[ss] mit allen Mitteln b[e]müht sein, die Zahl herabzusetzen. Meld[ung] bis 15.6.41 an C 2 gez. Reidenbac[h]
11.	Bewaffnung. Die nach den letzten Angaben der E'Stelle Tarnewitz angefertigten Zu- und Abführhälse sind wohl im Stand, jedoch in der Luft noch nicht beschossen worden und sind ab 1. Serienflug-		

	Text	Bearbeiter. Termin	Bemerkungen
	Termin und Ort des Luftbeschusses wird nach Abnahme des ersten Serienflugzeuges festgelegt. Für die beweg-liche Bewaffnung findet in Tarnewitz eine Serien-Nacherprobung statt.		
12.	Für die Abnahme der ersten 6 Serienflugzeuge werden von LC 2 Chef erleichterte Abnahmebedingungen zugestanden, auf Abnahme Kurssteuerung FuG XVI verzichtet, Mindestvolldruckhöhe 5.500 m. Die übrigen Daten werden zusammen mit der E'Stelle und BAL-Mtt.AG. festgelegt. Das erste Serienflugzeug wird von der E'Stelle und der BAL gemeinsam nachgeflogen.		
	Es wurde von Herrn Obersting.Reidenbach festgestellt, dass die Erprobung der Musterflugzeuge ausschliesslich bei den Erprobungsstellen der Luftwaffe zu erfolgen hat.		
	<u>Terminlage.</u>		
	Mit der Auslieferung der ersten Serienflugzeuge ist nicht vor Ende Juni 1941 zu rechnen.		
	Die Fa. Mtt.AG. will bis Ende d. Mts. alle Flugzeuge bis zum zwan-		

Fortsetzung zu: Protokoll Nr. 160 v. 5.6.1941

Blatt: 10

lfd Nr.	Text	Bearbeiter Termin	Bemerkungen
	zigsten Serienflugzeug ausgeliefert haben. LC 2 teilt daher dem Generalstab mit, dass die Truppeneinweisung Me 210 bei der E'Stelle Rechlin frühestens am 1.7.1941 beginnt. Augsburg, den 5.6.1941 Meier/Hal. Für RLM: .... Für E'St.Rechlin: .... Für BAL-Mtt.AG.: .... Für Mtt.AG.:		Oberstin[g]. Reidenbach stellt ausdrücklich fest, daß die dem Reic[hs]marschall v[o]n Prof. Messerschmitt gemacht[e]n Lieferzus[a]gen in kein[e]r Weise gestim[m]t haben. Die Auslieferun[g] der [Se]rienflugz. ha[t] in ein[]satzf[ä]higem Zustande [m]it Ausnahme der Ziffer 12 zu erfolgen. gez. Reidenbach

Fernschreibstelle Augsburg — Geheim 571

Geheime Kommandosache

Laufende Nr.

Angenommen / Aufgenommen
Datum: 10. März 1942
um: 1945 Uhr
von: GLBRL
durch: Kraus
G/8

Befördert:
Datum: 10. März 1942
um: 2045 Uhr
an: MTT. Prof. Messerschmitt
durch: Kraus
Rolle:

Vermerke: -- GKDOS --

Fernschreiben / Posttelegramm / Fernspruch von + S GLBRL 0227 10/3 1800 DSZ =

AN PROF. MESSERSCHMITT AUGSBURG.=

Abgangstag | Abgangszeit

Vermerke für Beförderung (vom Aufgeber auszufüllen) — Bestimmungsort

GLTD.: AN MAJOR CRONEISZ B. FA. MTT., REGENSBURG.-

BETR.: ME 210.-

AUF GRUND DER BESPRECHUNG AM 9.3. HAT REICHSMARSCHALL ENTSCHIEDEN, DASZ DER WEITERBAU ME 210 SOFORT EINZUSTELLEN IST. UEBER DEN NEUANLAUF WIRD NACH DURCHGEFUEHRTEN NACHFLIEGEN DURCH GL UND FRONT EINES NEUEN MUSTERFLUGZEUGES MIT VERLAENGERTEM RUMPF, HOEHENLEITWERK MIT INNENAUSGLEICH, VORFLUEGEL SOWIE BEHEBUNG ALLER BEANSTANDUNGEN, DIE SICH AUS DER TRUPPENERPROBUNG ERGEBEN HABEN, ENTSCHIEDEN.-

ALS ERSATZ IST STEIGERUNG DER PRODUKTION BF 110 UND BF 109 VORGESEHEN. REICHSMARSCHALL ERWARTET VON DER FA. MTT., DASZ DIE DURCH DEN AUSFALL DER ME 210 ENTSTANDENE LUECKE DURCH STEIGERUNG DER PRODUKTION DER BF 110 UND BF 109 MIT ALLEN ERDENKLICHEN MITTELN WIEDER GESCHLOSSEN WIRD. ZUR BESPRECHUNG DER SICH AUS VORSTEHENDEN ERGEBENDEN FOLGERUNGEN ERWARTE ICH PROF. MESSERSCHMITT, DIR. HENTZEN,

Nicht zu übermitteln:

Unterschrift des Aufgebers — Fernsprech-Anschluß des Aufgebers

Geheim! Geheime Kommandosache! Fernschreiben des RLM vom 10. März 1942 an Messerschmitt mit Anweisung, die Produktion der Me 210 mit sofortiger Wirkung einzustellen.

572

MAJOR CRONEISZ AM 12.3. UM 11 UHR BEI OBERST VORWALDT.-
ICH BITTE, MOEGLICHST GENAUE BETRIEBSPLANUNGEN UEBER PERSONAL
UND MATERIAL MITZUBRINGEN, DAMIT ENTSCHLUESSE UEBER WEITEREN
EINSATZ DER BELEGSCHAFT GEFASST WERDEN KOENNEN.-
AUSZERDEM BRINGEN SIE BITTE EINEN ZEICHNUNGSSATZ UEBER DIE
HOEHENFLOSSENVERSTELLUNG MIT.=

GL/C NR. 617/42 G KDOS +

220 Durch Lautsprecher an Gefolgschaft am 25.3.42. Mes.

Kameraden!

Da im Werk und in der Stadt über die Angelegenheit Me 21o Gerüchte verbreitet werden, die den Tatsachen widersprechen, halte ich es für nötig, soweit es mir aus Geheimhaltungsgründen überhaupt möglich ist, einige Aufklärungen zu geben.

Am Montag, den 9.März fand beim Reichsmarschall des Großdeutschen Reiches eine Besprechung statt, in der die Front eine Reihe von Änderungswünschen an dem genannten Flugzeugmuster vorgetragen hat, die noch erheblich über die z.Zt. in Landsberg durchgeführten Änderungen hinausgehen. Der Herr Reichsmarschall hat entschieden, daß diese Änderungen umgehend angefangen, erprobt und eingeführt werden. Um unnötigen Vorlauf und damit größere, spätere Änderungen zu vermeiden, wurden aus diesem Grunde ein Teil unserer Kameraden für Arbeiten an anderen Baumustern unserer Konstruktionen eingesetzt.

FD. 4355/45, vol. 1 (Box S. 205) - 2 -

Text der Ansprache von Professor Messerschmitt an die Belegschaft in Augsburg am 25. März 1942.

- 2 -

Über Einzelheiten, welcher Art diese Änderungen sind, und für welchen Verwendungszweck sie durchgeführt werden, kann ich Sie selbstverständlich im Interesse der Geheimhaltung nicht unterrichten.

//Ich kann Ihnen nur sagen, daß die verbreiteten Gerüchte nicht den Tatsachen entsprechen. Insbesondere sind Gerüchte, daß ich persönlich beim Reichsmarschall in Ungnade gefallen wäre, voll und ganz aus der Luft gegriffen, was Sie schon daraus ersehen können, daß der Herr Reichsmarschall befohlen hat, daß ich zur Durchführung meiner Pläne weitere Arbeitskräfte im Konstruktionsbüro erhalten soll.//

Ich bitte Sie meine Kameraden, dahin zu wirken, soweit Sie Gelegenheit haben, daß die verbreiteten Gerüchte richtiggestellt werden.

Jedes Gefolgschaftsmitglied ist mit den Geheimhaltungsbestimmungen bekannt gemacht und hat demzufolge unwahren Gerüchten 34 entgegenzutreten. Wer sich dagegen verstößt, und insbesondere Angelegenheiten aus dem Werk ver-

Wie wirkt sich die Stillegung der Großserienfertigung Me 21o aus?

Einleitung:

Die Großserienfertigung Me 21o lief im Stammwerk Augsburg und bei den Nachbaufirmen Regensburg, Luther und Gotha auf vollen Touren und wurde schlagartig abgebrochen. Dadurch ergab sich, daß sämtliche Einzelteile und Baugruppen in jedem beliebigen Bearbeitungs- u. Bauzustand, angefangen vom zugeschnittenen Rohmaterial für Einzelteile bis zum fertig montierten Flugzeug anfielen. Dazu kommt noch, daß die zusammengebauten Baugruppen in verschiedenen Änderungszuständen sind. Dieses gesamte Material wird in Lagerhallen des Werkes Augsburg, in Hallen des Fliegerhorstes Gablingen und auch teilweise noch im Werk Regensburg gesammelt und eingelagert, bis über die weitere Verwendung entschieden wird. Wie aus den nachfolgenden Bildern ersichtlich, ist der Umfang dieses totliegenden Materials derartig groß, daß die Einzelteile und Baugruppen in den Lagerhallen sich zu Bergen häufen.

Zur Beförderung des Materials, welches in den Hallen des Fliegerhorstes Gablingen liegt, waren bisher mehr als 6oo vollbeladene Güterwagen notwendig. Das sind 15 lange Güterzüge.

Einzelheiten von diesem augenblicklichen Zustand zeigen in Teilausschnitten folgende Bilder:

Juli 1942

Auswirkungen des Produktionsstopps der Me 210.

A. G. Augsburg

APR 1942

Flugbericht Nr.691/17o

Flugzeugführer Wendel

Me 21o V-21, W.Nr.2344, GF + CX

Aufgabe: Nachfliegen.

Zustand des Flugzeuges: Erstes Regensburger Flugzeug mit langem Rumpf und innen-ausgeglichenes Höhenruder. Vorflügel wie V-Maschinen.

Ergebnis: Das Höhenruder war um die Null-Lage etwas zu stark ausgeglichen. Nach Aufbügeln der Höhenflossenhinterkante ist nun das Höhenruder in Ordnung. Die Kräfte scheinen jedoch im allgemeinen etwas zu hoch zu liegen. Sie werden beim nächsten Flug nachgemessen.

Die Richtungsstabilität ist sehr gut. Die Seitenruderkräfte, die am Anfang etwas zu hoch waren, sind jetzt nach genauer Einstellung der Flettnerausschläge in Ordnung. Im Einmotorenflug ist eine deutliche Verbesserung der Seitenruderwirksamkeit festzustellen.

Beim Öffnen der Vorflügel entsteht ein starkes Querruderschlagen. Nach Öffnen in der Kurve mit einer Beschleunigung von 3 g blieb eine bleibende Verformung des linken Vorflügels zurück. Außerdem hatten sich beide Vorflügel in ihrer Aufhängung nach oben verschoben. Diese Beanstandungen werden durch die neue Vorflügelausführung behoben.

Start und Landung sind durch die neue dicke Rumpfausführung gegenüber der Werk Nr.1o1 noch mehr vereinfacht worden.

Die Querruder sind geschwindigkeitsempfindlich, d.h. es ist je nach Geschwindigkeit eine andere Trimmstellung der Flettner erforderlich.

Der Führersitz ist unverständlicherweise ein großes Stück nach vorn gerückt worden, sodaß die Bequemlichkeit heruntergesetzt wurde.

Augsburg, den 3o.3.42.
EP/We/He.

Flugleitung V.: Baur

Flugzeugführer: Wendel

Verteiler:

x H.Prof.Messerschmitt
x H.Dir.Bauer
x Probü
x Kobü Ltg.

Flugberichte.

Messerschmitt A.G. Augsburg	Erprobungsbericht Nr. 113 vom 5.4. - 18.4.42	Me 21o Blatt 2

W.Nr. 1o1

Zur Ermittlung der günstigsten Flügelrumpfverkleidung im Rahmen der Abkippuntersuchungen wurden folgende Ausführungen verglichen:

1.) Serienmässige Auskleidung (grosser Radius)
2.) Hinten serienmässig, vorn mittlerer "
3.) " " " kleinster "

Die Ausführung Nr. 3 ist abkippmässig am günstigsten (Vergl.Flugbericht Nr.7o3/179)

W.Nr. 145

Es wurden zwei Flüge zur Messung der Öldrücke durchgeführt.
(Vergl.Versuchsbericht 21o o2 T 42 (21o o4 T 42)

W.Nr. 276

Es wurde ein Abkippvergleich geflogen ohne Slot (Serienmaschine)

W.Nr. 2344

Das eingebaute verstärkte Fahrwerk mit Klinke wurde mit 9,3 to einer eingehenden Erprobung unterworfen. Die Starts und Landungen wurden auf Gras und Beton in Leipheim durchgeführt. Es hat sich gezeigt, dass das verstärkte Fahrwerk widerstandsfähig ist und keinerlei Beanstandungen aufgetreten sind.
Die Maschine wurde mit der alten 5 %igen 3o9 Rollenführung mit verlängertem Vorflügel geflogen. Die Öffnungsspanne ist zu gross. Der Öffnungsbeginn lag bei V_a = 29o km/h während die Vorflügel erst bei V_a = 19o-bis 2oo km/h vollständig geöffnet sind.
(Vergl.Flugbericht Nr. 7o5/18o)

W.Nr. 2346

Mit den umgerüsteten Serienmaschinen wurden im wesentlichen Vorflügelerprobungen geflogen. Erste 8 % Ausführung öffnet bei V_a = 175 km/h mit Gas schlagartig. Diese Ausführung ist deshalb ungeeignet .
(Versuchsflug am 14.4.42)

Abt.: Flugerprobung. Gruppe: Eigenschaften. Bearb.: Zange.

Flugberichte.

Messerschmitt A. G. Augsburg	Flugbericht Nr.723/19 ProBü 28. APR 1942	Flugzeugführer
	6, Le	B a u r

Me 21o, 2349, C E + K U

Aufgabe: Werkstattflug.

Zustand des Flugzeuges: Verlängerter Rumpf, innenausgeglichenes Höhenruder, Vorflügel mit Rollenführung III, durch Unterlage von 15 mm - Klötzen nicht voll eingefahren.

Ergebnis: Bis auf einen etwas ungleichen Öffnungsbeginn, der durch Bügeln der Hinterkante ausgeglichen werden kann, arbeiten die Vorflügel einwandfrei.

Der von Herrn Beauvais bei der W.Nr.2346 beanstandete Überausgleich im Querruder während des Kurvenwechsels konnte bei diesem Flugzeug nicht festgestellt werden. Es wurden bei Geschwindigkeiten bis v_a = 55o km/h durch volle Querruderausschläge Kurvenwechsel ausgeführt, wobei zeitweise eine unbedeutende Unsauberkeit im Querruderkraftverlauf zu verspüren war. Überausgleich trat in keinem Falle auf.

Das Fahrwerk wurde 3 mal ein- und ausgefahren und funktioniert einwandfrei.
Noch während des Rollens und nach dem Abheben wurde ein heftiges Schütteln des ganzen Flugzeuges beobachtet, das erst aufhörte, als das Fahrwerk voll eingefahren war. Durch 2 weitere Starts wurde nachgewiesen, daß dieses Schütteln von einer Unwucht der Laufräder herrühren muß. Sobald nämlich nach dem Abheben die Laufräder abgebremst wurden, hörte das Schütteln der Maschine ruckartig auf.

Beanstandung: Die verstellbare Rückenlehne rastet in den Zwischenstellungen nicht ein.- Knüppelspiel ist zu groß.

Augsburg, den 27.4.42.
FEP/Ba/He.

Flugleitung V.:

Baur

....

B a u r

Verteiler:

1x H.Prof.Messerschmitt
1x H.Dir.Bauer
2x Probü
1x Kobü Ltg.
1x Kobü 3
3x FEH
2x FEP

Karolc

Messerschmitt AG. Augsburg Abt. Flugerprobung Gruppe Flugmechanik	Trudelfallschirm-Erprobung Me 210. (Zwischenbericht)	Versuchs-Bericht Nr. 210 01 FM 42 Datum 23.4.42 Ausfertigung 8

Anlass: Im Rahmen der Trudelerprobung Me 210 waren als Sicherungsmassnahme zur Beendigung des Trudelns Bremsfallschirme im Flügelaussenteil anzubringen.
Wirkung und Funktion waren zu erproben.

Versuchsdurchführung: In 5,6 m Abstand von Rumpfmitte sind gemäss Abb. 1 auf den Tragflächen verkleidete Ausklink-Vorrichtungen (x) angebracht in die - unter Zwischenschaltung einer Sollbruchstelle von 1320 kg Zug - das 3,65 m lange Fallschirm-Drahtseil mit dem Bremsfallschirm eingehängt ist. Dieses Seil führt im unausgelösten Zustand über lose Klammern zum Fallschirm-Behälter (xx), einem vorne offenen (nur vergitterten) Halbzylinder, der unmittelbar hinter den Motoren im Schraubenstrahl liegt und hinten mit einem Blechdeckel verschlossen ist.
Das Abwerfen der Deckel geschieht vom Führersitz aus für beide Fallschirme getrennt, das Ausklinken der geöffneten Fallschirme gemeinsam. Die Fallschirme sollten durch den Staudruck herausgeblasen, evtl. mit einer Sprungfeder herausgeschleudert werden. (Letztere wurde nicht erprobt).
Für die Zukunft ist, wegen der grösseren Anstellwinkel beim Trudeln, eine andere Unterbringung der Fallschirme vorgesehen, bei der die Öffnung nach oben, nicht nach hinten erfolgt.
Es wurden folgende Flüge durchgeführt:

1. Untersuchung der Strömung um den Fallschirm-Behälter mittels Wollfäden.
2. Funktionserprobung verschiedener Fallschirme.
   Es handelt sich um reffbare Bänder-Fallschirme der Forschungsanstalt Graf Zeppelin, Stuttgart. Der Abstand Fallschirmfläche - Flügel (Einklinkhaken) beträgt knapp 7 m.

Geheim!

Sachbearbeiter Küttner — Erprobungsleiter Carol — Abteilungsleiter [Unterschrift]

Sachbearbeiter Dr. Küttner Flugzeugführer Baur	Seiten Text 4 Kurvenblätter - Tabellenblätter - Bilder 3	Auftragsnummer 210 02 076 Laufende Nr. 844 Erprobungsträger Me 210/V 14 Erprobungszeit 25.3.-20.4.42

Erprobung der Trudeleigenschaften der Me 210 mit auf den Tragflächen angebrachten Bremsschirmen.

ericht Nr. 210 01 FV 42 Datum 23.4.42 Blatt 2 Ausfertigung

Ergebnis: Vergl. auch Flugbericht vom 28.3.42 (Baur) und 20.4.42 (Ziegler).

1. Flug: (28.3.42) Baur - Kalinowski.

Fallschirm: 2,15 m geschneiderter Durchmesser = 1,4 m aufgeblasener Durchmesser, gerefft auf 1,24 m (aufgebl. Durchmesser

Erwartet wurde ein Zug von über 500 kg bei 300 km/ da die c_w-Werte für diese Fallschirme von der Forschungsanstalt Graf Zeppelin mit etwa 0,98 bis 1 angegeben wurden. Die Auslösung erfolgte in 2500 m bei 350 km/h v_a. Ein Fallschirm flog infolge mangelhafter Einhängung sofort weg. Das Drehmoment des anderen konnte mit 0,1 ata mehr Ladedruck durch einen Motor bei leichtem Seitenruderausschlag ausgeglichen und die Fahrt auf 400 km/h gesteigert werden. Die Nähte der Bänder waren nach dem Flug zum Teil eingerissen. Das entstandene Drehmoment war um eine ganze Zehnerpotenz geringer als das erwartete. Der Fallschirm zeigte nur eine geringe Stirnfläche (Abb.10) und hatte ein gurkenförmiges Aussehen. Hierdurch wurde wahrscheinlich nicht nur die Fläche, sondern auch das c_w erheblich herabgesetzt.

2. Flug: (7.4.42) Baur - Küttner.

Die Strömung um den gefüllten Fallschirmkasten wurde mittels Wollfäden untersucht (Abb.2 u. 3) Die Störung der Strömung war unbedenklich.

3. Flug: (18.4.42) Baur - Küttner.

Die Fallschirme von 2,15 m geschneidertem Durchmesser wurden ungerefft, d.h. mit 1,4 m aufgeblasenem Durchmesser, geflogen.

Die Fallschirme zeigten im verpackten Zustand die Tendenz während des Fluges nach vorn aus dem Fallschirmkasten durch das Gitter zu kriechen. (Abb. 4) Nach der Auslösung in 3000 m bei v_a = 280 km/h ging der eine Fallschirm, allerdings langsam, heraus, der andere bequemte sich erst nach 1/2 Minute aus dem Kasten. Die Deckel gingen beide nicht einwandfrei auf, sondern blieben in schräger Lage am Kasten hängen, (Abb 6,7,12) wodurch das Herauskommen der Fallschirme sehr behindert wurde. Der Vorgang der Fallschirmauslösung wurde mit Zeitlupe gefilmt. Auch die ungerefften Fallschirme gaben wieder einen viel zu geringen Zug. Die Form war noch kleiner und unregelmässiger als beim 1.Flug. (Abb.11,12) Mit weiterer Geschwindigkeitssteigerung wurde die Stirnfläche noch kleiner. (Abb.13) Die Nähte rissen wiederum ein.

-3-

Bericht Nr. 210 01 FM 42 Datum 23.4.42 Blatt 4 Ausfertigung

3. Die Fallschirme sollen mit Namensschild versehen werden, damit sie nicht wieder verloren gehen.

4. Der Zug der Fallschirme soll durch Zwischenschaltung eines Dynamometers gemessen werden.

5. Es wird eine neue Verpackungseinrichtung nach Angaben von Herrn Sening -Probü- auf der Flügeloberseite angebracht, die ein sofortiges Öffnen garantiert.

Augsburg, den 23.4.42.
FEF-Dr.Kü/So.

Messerschmitt AG. Flugerprobung. Gruppe: Flugmechanik Bearb.: Dr.Küttner

Bericht Nr. 210 01 FM 42 Datum 23.4.42 Blatt 3 Ausfertigung

Während der linke Schirm ruhig hing, rotierte der rechte Schirm heftig, wobei sich die Seile aufwickelten. (Abb.12,13) Dies dürfte an dem Schraubenstrahl (rechtsdrehend) und dem Randwirbel (linksdrehend) liegen, zwischen denen der rechte Schirm wie zwischen Zahnrädern gedreht wird, während der linke Schirm durch Schraubenstrahl und Randwirbel (beide rechtsdrehend) im Gleichgewicht gehalten wird. (Abb.14)Hierbei traten heftige Seilschwingungen auf.(Abb. 12,13).

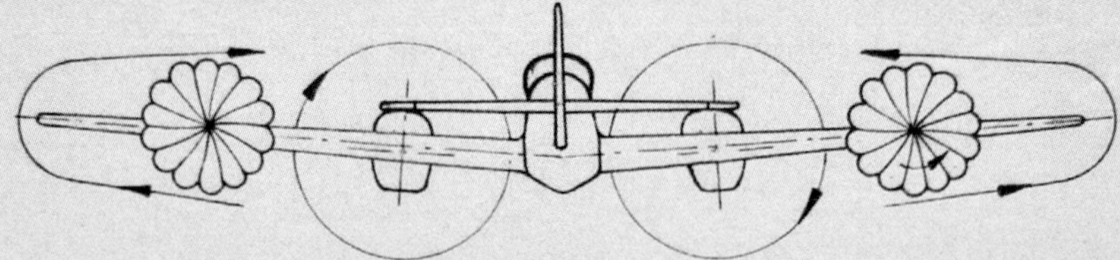

Abb. 14. Fallschirm-Drehsinn (in Flugrichtung gesehen)

4. Flug: (20.4.42) Ziegler - Küttner.

Um das unerklärliche Verhalten der Schirme zu klären, wurde die Forschungsanstalt Graf Zeppelin -Dr.Rupé- in Stuttgart besucht. 2 andere Schirme von 1,7 und 2 m Durchmesser und geringerer Durchlässigkeit wurden erprobt. Die Schirme versuchten wieder vorn herauszukriechen. Das Auslösen wurde dadurch - beim rechten Schirm 1 Minute - verzögert. (Vergl. Abb. 5) Die Schirme öffneten sich sehr schön. (Abb.15,16) Bei geöffneter Kühlerklappe besteht jedoch die Gefahr, dass das Seil hängen bleibt (Abb. 5)Der Zug war wiederum geringer als erwartet und konnte einseitig durch Motorleistung (ca 0,2 ata) ausgeglichen werden. Die Geschwindigkeit wurde von V_a = 280 km/h auf 400 km/h gesteigert. Die rechte Sollbruchstelle brach hierbei, aber wie sich herausstellt, nicht durch Zug, sondern durch Torsion. (Vergl. Abb.17,18) Der rechte Schirm rotierte wieder sehr schnell links herum (in Flugrichtung gesehen). Hierbei drehten sich die Hanfseile aber nicht auf, sondern lediglich das Drahtseil mit der Sollbruchstelle. Der linke Fallschirm wurde daraufhin abgeworfen. Der c_w-Wert der Schirme liegt offenbar bedeutent unter 1.

Änderungen:

1. Die F.A. Graf Zeppelin liefert 4 Fallschirme von gleicher Durchlässigkeit wie die zuletzt erprobten, aber von 2,5 m Durchmesser, was als Trudelsicherung genügen dürfte. Die Bänder werden beidseitig vernäht.
2. An der Kühlerklappe wird ein Abweisbügel angebracht.

-4-

Messerschmitt AG Flugerprobung Gruppe: Flugmechanik Bearb.: Küttner

Abb. 1. Anordnung der verpackten Trudelfallschirme auf dem Flügel. x Einklinkstelle. xx Fallschirmkasten.

Abb. 2. Strömung um den Fallschirmkast bei v_a = 400 km/h.

Abb. 3. Überzogener Flugzustand.

Abb. 4. Vor der Auslösung. (18.4.)

Abb. 5. Vor der Auslösung (20.4.)

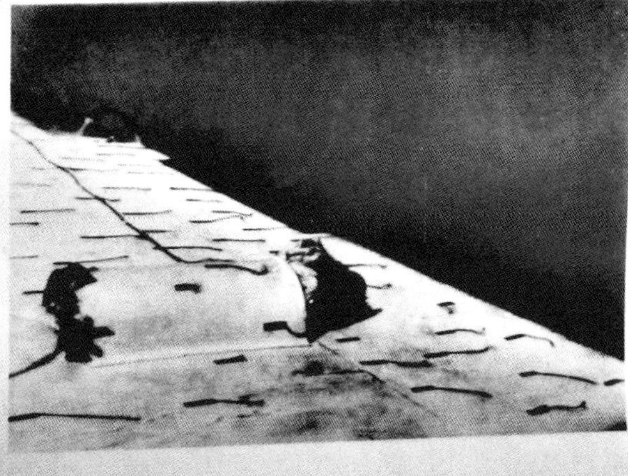

Abb. 6. Auslösung des Fallschirmes.

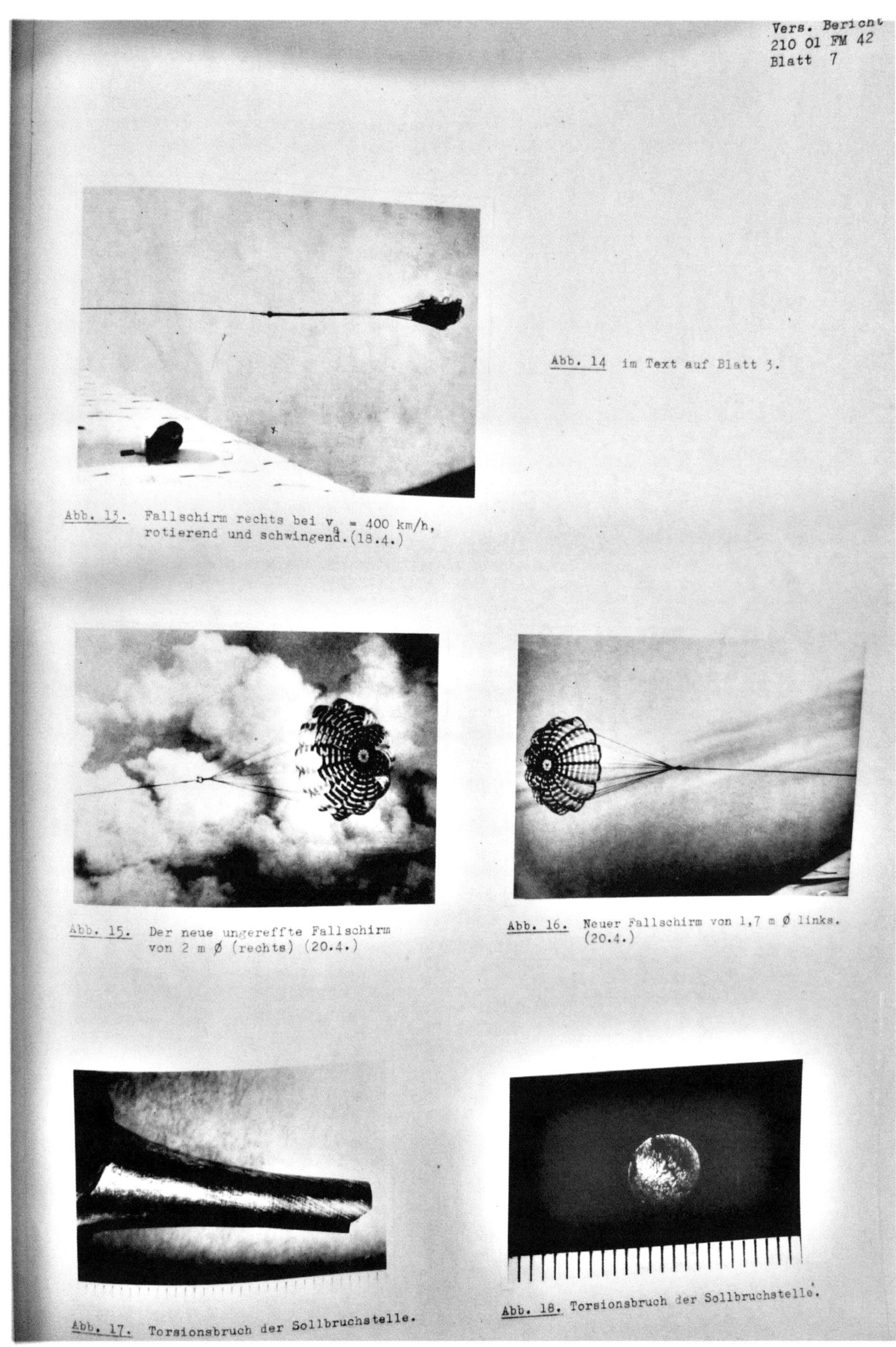

Vers. Bericht
210 01 FM 42
Blatt 7

Abb. 13. Fallschirm rechts bei v_a = 400 km/h, rotierend und schwingend. (18.4.)

Abb. 14 im Text auf Blatt 3.

Abb. 15. Der neue ungereffte Fallschirm von 2 m Ø (rechts) (20.4.)

Abb. 16. Neuer Fallschirm von 1,7 m Ø links. (20.4.)

Abb. 17. Torsionsbruch der Sollbruchstelle.

Abb. 18. Torsionsbruch der Sollbruchstelle.

Abschrift!

ssERSCHMITT A.G. Augsburg

Flugbericht-Nr. 732/199

Flugzeugführer Wendel

Geheim!

Me 21o, W.Nr. 2344
Me 21o, W.Nr. 2347
Me 21o, W.Nr. 2349 GE+RU
Me 21o, W.Nr. 2350

Streng vertraulich!

Werksintern!

gabe: Erprobung der Me 21o mit verlängertem Rumpf in Verbindung mit der Truppenerprobung.

bnis: Das Höhenrudergestänge hat Speil, welches bei den einzelnen Flugzeugen verschieden gross ist. Es muss angestrebt werden, das Spiel restlos zu beseitigen.

Die Flugzeuge sind alle im Seitenruder mehr oder weniger unschön, sie pendeln bei böigen Luftverhältnissen um die Hochachse und sind auch nicht mit dem Seitenruder zur Ruhe zu bringen. Die Ursache liegt zum Teil darin, dass die Weichheit im Seitenrudergestänge beim langen Rumpf noch grösser ist als früher; bei festgehaltenem Seitenruderpedal kann das Seitenruder in einem Bereich von 10 bis 15 cm wie eine Windfahne hin- und herbewegt werden. Es kann dadurch auch im Fluge nicht der volle Seitenruderausschlag erreicht werden, was besonders bei Einmotorenlandungen sehr ungünstig ist. Diese Weichheit muß vollkommen verschwinden. Es genügt dabei nicht allein, die Stoßstangenführungen zu ändern und spielfrei zu machen, sehr wahrscheinlich muß auch der Antriebshebel im Seitenrud r verlängert werden.

Die Seitenruderkräfte sind sehr verschieden und teilweise zu klein. Es wurde festgestellt, daß bei einigen Flugzeugen die Rudernase bei Ruderausschlägen aus dem Flossenstrak heraustritt und somit als Innenausgleich wirkt. Beim Einfliegen der weiteren Fluhzeuge müssen solche Ruder abgelehnt werden.

Das Pendeln um die Hochaahse ist wahrscheinlich auch noch zum Teil darauf zurückzuführen, dass die von den Störkanten an den hinteren Seitenplanscheiben der Kabine ausgehenden Wirbelschleppe das Seitenruder beeinflußt. Diese Störkanten waren ursprünglich nur als Notlösung gedacht, die begonnen aber abgebrochenen Versuche, die Strömung an diesen Scheiben zu verbessern, müssen fortgesetzt werden.

Erprobungsbericht.

- 2 -

Über die Vorflügelrollenbahnen kann noch kein eindeutiges Urteil abgegeben werden. Die Vorflügel selbst sind alle verformt und passen sehr schlecht in den Flügelstrak. Ausserdem verschieben sich während des Fluges in ihren Aufhängungen, so daß sie sich von Flug zu Flug anders verhalten. Mit der neuen Befestigung (grössere Muttern) ist noch nicht genügend Erfahrung gesammelt. Besonders auffallend ist, daß die rechten Vorflügel bei wesentlich grösserem Anstellwinkel öffnen, als die linken. Im Durchschnitt beträgt dieser Unterschied (v_a) 30 km/h. Beide Vorflügel öffnen wesentlich später als sie schliessen und dann, wie es in diesem Falle nicht anders zu erwarten ist schlagartig. Bei den hier in der Erprobung befindlichen Flugzeugen liegt der Beginn des Öffnens zwischen v_a 220 und 270 km/h, der Moment des Schliessens dagegen bei v_a 280 bis 300 km/h bei Motoren auf Reiseleistung.

Das Abkippverhalten der Flugzeuge ist ausgesprochen schlecht. Trotz äusserer Endscheiben und Jalousie an der Innenkante der Vorflügel. Es wurde bereits vor längerer Zeit in einem Flugbericht darauf hingewiesen, daß die Jalousien nicht die erwünschte Verbesserung bringen. Der Spalt muss einwandfrei abgedeckt sein und zwar so, wie bei Werk Nr. 101. Kann diese Abdeckung nicht eingefahren werden, so muß sie draussen stehen bleiben. An einer in Augsburg befindlichen Maschine muß sofort eine Änderung in diesem Sinne durchgeführt werden. Sobald die Beschränkung der Flugzeuge auf H3 aufgehoben wird, beginnt in Lechfeld Luftkampferprobung, d.h. Kunstflug. Ist das Abkippverhalten bis dahin nicht so wie bei Werk-Nr. 101 (beim Nachfliegen mit 8 % Slotöffnung und einwandfreier Spaltabdeckung), so ist das Schlimmste zu erwarten.

Lechfled, den 7.5.42
FeP/We/T.

Flugzeugführer

gez.Wendel

Verteiler:

H.Prof.Messerschmitt
H.Dir.Bauer
Probü
KL
Kobü 3
FEH
FEP

Erprobungsleiter

gez.Caroli

Erprobungsbericht.

Messerschmitt A. G. Augsburg	Flugbericht Nr. 781/222	Flugzeugführer Aufermann

Me 21o V 13, GI + SQ

Flug am 17.7.42.

Aufgabe: Eisschutzerprobung.

Wetterlage: Quellwolken mit Gewitterbildung. Wolkenuntergrenze 5oo m mit starken Schauern, Wolkenobergrenze über 8ooo m, 0°-Grenze um 4ooo m.

Ergebnis: Beim Durchfliegen der Quellwolken setzte sich gleich grobkörniges Eis an. Das Eis wurde gleichmäßig an den Flächenprofilen abgeworfen. Die Randkappen blieben jedoch wie immer leicht vereist. An den nicht enteisten Stellen erreichte das Eis eine Dicke von ca. 3o - 35 mm.

Nach einer Flugdauer von ca. 25 min. ging plötzlich der Ladedruck des rechten Motors ganz zurück und es mußte mit einem Motor geflogen werden. Die Maschine war jedoch wegen ~~der~~ zu starken Böen in einer Höhe von 4ooo m nicht mit einem Motor zu halten, sodaß sofort aus dem Eis herausgegangen werden mußte. In 2ooo m Höhe lief der rechte Motor plötzlich wieder. Der Grund des Aussetzens lag darin, daß die Ansaughutze von innen vollkommen zugeeist war. In 2ooo m Höhe, wo bereits eine Temperatur von ca. 12° war, löste sich das Eis und der Motor konnte wieder auf vollen Touren weiterlaufen. Der vor der Ansaughutze angebaute Rechen war diesmal nur in der Mitte leicht vereist und es traten an dem Gitter starke Schwingungen auf.

An dem linken Motor befindet sich vor der Ansaughutze eine Blechtüte als Eisschutz. Während des Fluges ging jedoch der Ladedruck von 1,2 bis auf 1,o ata verschiedentlich zurück. Es kann jedoch nur angenommen werden, daß bei starker Vereisung die Tüte als Schutz nicht ausreicht und somit die Ansaughutze von innen etwas vereist. Bei den kommenden Flügen wird hierauf besonders geachtet.

Eine Vereisung der Propeller konnte bei diesem Fluge nicht festgestellt werden.

Nach einer Flugdauer von ca. 1o min. versuchte der Funker, die Schleppantenne auszufahren, nachdem die Festantenne nicht mehr für den FT-Verkehr ausreichte. Die Schleppantenne war trotz mehrmaliger Versuche nicht auszufahren und konnte erst nach dem Herausgehen aus dem Eis ausgefahren werden. Es wurde festgestellt, daß das Antennenei durch eine Eisschicht mit dem Antennenschacht verbunden war. Es ist ratsam,

Erprobungsbericht.

einen Eisschutz für das Antennen-Ei zu konstruieren.

Augsburg, den 18.7.42.
FEP/Auf/He.

Flugbetriebsleitg.V.: Flugzeugführer:

Baur Aufermann

Erprobungsleiter

Verteiler:

1x H.Prof.Messerschmitt
1x H.Dir.Bauer
2x Probü
1x Kobü Ltg.
1x Kobü 3
1x H.Geduldig
3x FEH
3x FEP

Erprobungsbericht.

TDM
285

Herrn Direktor Bauer
Hauptplanung .

46/42

871

Me 21o mit DB 6o3 .

Um eine ausreichende Triebwerkserprobung durch - führen zu können, sollte mit Sondermassnahmen ein Flugzeug, in dem nur der Motorvorbau gewechselt ist, am 2o.I. klar sein.

Die Bauunterlagen haben sich zum Teil,um 7o Tage verschoben. Das würde bedeuten, dass die V 1 , wenn die gesamte Terminverschiebung in Anspruch genommen wird, erst in den letzten Märztagen flugklar ist. Eine weitere Terminverschiebung kann unter gar keinen Umständen mehr geduldet werden.

Ich bitte um Rücksprache, wenn dies erforderlich sein sollte, damit Sondermassnahmen getroffen werden können.

Übergang von der Me 210 zur Me 410.

801

A k t e n v e r m e r k

Streng vertraulich !

(Nur zur persönlichen Kenntnisnahme).

Herrn Dr. S e i l e r

Herrn Brigadeführer C r o n e i ß

Herrn Direktor H e n t z e n

Herrn Direktor K o k o t h a k i .

Auf der Fahrt nach München, Samstag, den 8.8. hat mir A l p e r s folgendes vertraulich mitgeteilt:

1. Es sei dringend nötig, dass wir, nicht nur in unserem Interesse, sondern auch im Interesse der Luftwaffe die 210 schnellstens auf DB 603 umrüsten und für den Wiederanlauf die allernot - wendigsten Ausrüstungsänderungen dringend durchführen. Die Weiterentwicklung würde dann automatisch folgen. Er begründet diese Stellung damit, dass in absehbarer Zeit mit einem Flugzeug, das der 210 überlegen sein wird, nicht zu rechnen ist, dass aber ein solches Flugzeug aussergewöhnlich notwendig ist. Er hat dabei den Vorschlag gemacht, zu unter - suchen, ob nicht bis zum Frühjahr nächsten Jahres durch Umbau vorhandener Flugzeuge möglichst 30 Stück dem RLM angeboten werden könnten.

2. Herr Alpers erklärte ausserdem, dass die Serienausbringung unserer Flugzeugtypen und die der anderen Firmen im allgemeinen gut liefe. Dass jedoch die He 177 ähnliche Schwierigkeiten bei der Truppe mache, wie ursprünglich die 210 und dass aus diesem Grunde Umbauten in grossem Umfange bei diesem Flugzeug durchgeführt werden, die sich auf die Auslieferung mit grosser Störung auswirken. Aus diesem Grunde sei mit einem Fronteinsatz des Flugzeuges, der dieses Jahr beabsichtigt war, nicht vor Sommer nächsten Jahres zu rechnen.

Ich bitte diesen Aktenvermerk wegen des vertraulichen Inhalts nicht über den Verteilerkreis zu verbreiten.

12.8.42
TDM/Ktt/Kl.

Me 21o mit DB 6o3

Oberstleutnant P e t e r s e n ruft an und teilt mit, daß die Me 21o mit DB 6o3 mit Erfolg geflogen wurde und am Boden 525 km erreicht.

Generalfeldmarschall M i l c h , der in Rechlin mit Oberst V o r w a l d anwesend war, hat befohlen, daß das Flugzeug

die Typenbezeichnung Me 41o

erhält. Wir sollen sofort Auftrag erhalten auf Umbau von 15 Maschinen mit DB 6o3 zur Fronterprobung. Oberstleutnant P e t e r s e n erklärt ausdrücklich, daß von den Terminen, zu denen wir das Flugzeug herausbringen, es abhängen wird, ob die 21o bezw. 41o für die Großserie an der Front vorgesehen wird. Es sei besonderer Wert darauf zu legen, daß das Flugzeug möglichst hehe Geschwindigkeit hat.

gez. Mtt.

Verteiler: Herrn Brigadeführer Croneiß
Herrn Direktor Kokothaki
Herrn Direktor Hentzen
Herrn Schmedemann

3.9.42 Mtt/Fe

Professor Messerschmitt (Mitte) versucht, Reichsmarschall Göring die Probleme mit der Me 210 zu erklären. Letztendlich endete das Fiasko der Me 210 mit der Entmachtung Messerschmitts.

Abkürzungen

BAL	Bauaufsicht Luftwaffe
Bf	Bayerische Flugzeugwerke
DAF	Deutsche Arbeitsfront
DLH	Deutsche Lufthansa
DVS	Deutsche Verkehrsfliegerschule
Do	Dornier
GFM	Generalfeldmarschall
GL	Generalstab Luftwaffe
Me	Messerschmitt
MIAG	Mühlenbau und Industrie AG (Lutherwerke Braunschweig)
NASM	National Air and Space Museum in Washington, D.C.
He	Heinkel
Ju	Junkers
MG 17	Maschinengewehr Kaliber 7,92 mm
MG 131	Maschinengewehr Kaliber 13 mm
MG 151/15	Maschinengewehr Kaliber 15 mm
MG 151/20	Maschinengewehr Kaliber 20 mm
RLM	Reichsluftfahrtministerium

Danksagung

Für die Unterstützung möchte ich mich bei nachfolgenden Personen ganz herzlich bedanken: Carl E. Charles für die Überlassung der Verlustmeldungen zur Me 210, Uli Willbold und Geri Krähenbühl vom Airbus-Archiv in Ottobrunn für die tatkräftige Unterstützung bei der Suche nach Unterlagen zur Me 210, bei Josef Roidl mit seinem Team vom Battcnbcrg-Gictl-Vcrlag für dic Bcreitschaft, das Buch zu veröffentlichen, und bei meiner Evi für das aufgebrachte Verständnis und die Geduld dafür.

Weitere Bücher von Peter Schmoll

Messerschmitt-Giganten und der Fliegerhorst Regensburg-Obertraubling 1936–1945
Überarbeitete 3. Auflage 2022, 280 Seiten,
Format 21 x 28 cm, s/w bebildert, Hardcover
ISBN 978-3-95587-416-2 · Preis: 39,90 €

Me 109
Produktion und Einsatz
312 Seiten, Format 21 x 28 cm, Hardcover
ISBN 978-3-86646-356-1 · Preis: 29,90 €

Die Messerschmitt-Werke im Zweiten Weltkrieg
3. Auflage, 232 Seiten, Format 17 x 24 cm,
Hardcover
ISBN 978-3-931904-38-8 · Preis: 20,50 €

Luftangriffe auf Regensburg
Die Messerschmitt-Werke und Regensburg im Fadenkreuz alliierter Bomber 1939–1945
3. Auflage 2019, 272 Seiten, Format 21 x 28 cm, Hardcover
ISBN 978-3-86646-380-6 · Preis: 29,90 €

Sperrfeuer
Die Regensburger Flakhelfer
144 Seiten, Format 17 x 24 cm, Broschur
ISBN 978-3-86646-357-8 · Preis: 19,90 €

Regensburg – Die Katastrophe vom 17. August 1943
1. Auflage 2018, 128 Seiten, Format 17 x 24 cm,
Broschur
ISBN 978-3-86646-369-1 · Preis: 19,90 €